我的第一次探索

科普图书馆

廖春敏 主编

自然大发现

上海科学普及出版社

图书在版编目（CIP）数据

自然大发现 / 廖春敏主编. — 上海：上海科学普及出版社，2014.9

（我的第一次探索）

ISBN 978-7-5427-6202-3

Ⅰ.①自… Ⅱ.①廖… Ⅲ.①自然科学—普及读物 Ⅳ.①N49

中国版本图书馆CIP数据核字（2014）第175429号

策　　划　胡名正
责任编辑　刘湘雯

我的第一次探索
自然大发现
廖春敏　主　编

上海科学普及出版社出版发行
（上海中山北路832号　邮政编码 200070）
http://www.pspsh.com

各地新华书店经销　　三河市恒彩印务有限公司印刷
开本 889mm×1194mm　1/16　印张 8　字数 160 000
2014年9月第1版　2014年9月第1次印刷

ISBN 978-7-5427-6202-3　　　　　　定价：23.80 元

FOREWORD 前言

爱因斯坦曾说过:"探索是人类最美妙的事情。"人类一直以来就对世界万物,以及那些曾经发生过的一切充满了无限好奇和探索解密的兴趣。

我们所生活的星球到底是怎么产生的,它为什么能和宇宙中存在的其他星球不同?

飞出我们的星球,外面的宇宙世界又会是什么样子的呢?

我们人类、动物、植物,又是怎么安然无恙地生存在这个星球上的?尤其是人类,一个具有独立思维,能够改变世界的生物,这个精密的机器是怎么运转的,又是用什么方法改变着这个世界的?还有,人类过往的历史又是什么样的呢?

人类为了让自己在这个星球上生活得更好做了很多努力,推动着科学技术不断发展,我们的生活都发生了哪些变化呢?

其实,世界上每一个事物,每一个现象,本身就是一个奇迹,里面必然包含着很多的惊奇,我们每个人,如果懂得去挖掘里面的玄机和奥妙,对世界自然会豁然开朗许多。尤其是青少年学生,打开科学的第一扇门对日后的学习和生活都有至关重要的作用。为了更好地引导小读者们打开思路,勇于探索前进道路中所见所知的事与物,我们专门编写了本丛书——"我的第一次探索",分为4分册:《自然大发现》、《身体全揭秘》、《科学总动员》和《历史深追踪》。本册《自然大发现》,主要讲述地球万物和地球万象,所选的每一个知识点都来自日常可见的点点滴滴,加于朴实的语言进行阐述，利于青少年读者从自己的身边开始，发现有关地球的一个个玄奇和奥妙，进而激发他们深入探索的欲望。

为了给读者创造更好的阅读享受，让阅读本书成为一种真正的探索体验，参与本书编撰出版的诸位老师：廖春敏、李坡、孙鹏、王玲玲、刘佳、陈晓东、李立飞、白海波等，在文字撰写、图片使用、版面设计上都倾注其所有心思，力求做到文字充满青春张力、图片新颖贴切、设计清丽明快。在此感谢以上各位老师为本书所做的各种工作！

最后，希望本书能够成为青少年读者打开探索之门的第一本书。

编者

CONTENTS 目录

沧海桑田：古老又活跃的星球

这些东西让地球充满生机 …… 2
水让地球与众不同 ………… 2
"多功能"大气层 …………… 3
"不安分"的地壳 …………… 3

地球的诞生充满"暴力" …… 4
大雨一下就是几千年 ……… 4
频繁的外来撞击 …………… 4
发怒的大山 ………………… 5
谁制造了最早氧气 ………… 5

自转公转，不知疲倦 ……… 6
白天和黑夜 ………………… 7
年 …………………………… 7
一年有四季 ………………… 7
24时区 ……………………… 8

地球气候带 ………………… 8
气候成因好复杂 …………… 8
这里只有夏天 ……………… 9

气候变暖之罪魁 …………… 10
地球污染害了谁 …………… 10

会漂移的大陆 ……………… 11
大陆板块像木筏 …………… 12
当板块撞到一块时 ………… 12
当板块离开对方时 ………… 12

会长高变矮的山 …………… 12
山的成因各不同 …………… 13
断层山 ……………………… 13
褶皱山 ……………………… 13
喜马拉雅山一直在长高 …… 13

囚禁在地下的大火 ………… 14
能量巨大的挥发分 ………… 14
火山众生相 ………………… 15
喷的不一定是火 …………… 16
蔚为壮观的熔岩流 ………… 16
火山上的大湖 ……………… 16

·1·

■ 我的第一次探索

大地在震怒 ·············· 17
　　震级与烈度 ·············· 17
　　都是地震波惹的祸 ·········· 18
　　海啸来了 ················ 18
　　躲开地震带 ·············· 18

水在那里，不增不减 ········ 19
　　其实可以用的没多少 ········ 20
　　河流的水从哪儿来 ·········· 20
　　扇形三角洲与鸟足三角洲 ···· 20
　　冰川湖 ·················· 21

谜一样的海洋 ············ 21
　　平静的太平洋 ············ 21
　　世界上最深的地方 ·········· 22
　　世界上最长的山脉在海底 ···· 22
　　海底"黑烟囱" ············ 22

　　潮汐，一涨一落有规律 ······ 23

保护地球的"外衣" ········ 23
　　找不到尽头 ·············· 24
　　冷空气与暖空气 ············ 25
　　千变万化的云朵 ············ 25
　　南北半球吹着不一样的风 ···· 25

狂野的暴风雨 ············ 26
　　锋面是怎么回事 ············ 26
　　电闪雷鸣 ················ 27
　　龙卷风，无所不摧 ·········· 27
　　飓风海上来 ·············· 27

天气预报可信吗 ·········· 28
　　气象卫星显神威 ············ 28
　　7年一次的厄尔尼诺 ········ 28

冰河期会卷土重来……29
　　2万年前的那次冰河期……29
　　在冷与热之间摇摆……30
　　岁月的变迁……30

四季变化的世界……31
　　一年一次大降水……32
　　这里四季分明……32
　　半年冬来半年夏……33

生命时间线（上）……34
　　最初的生命迹象……34
　　从微生物到第一种动物……34
　　曾经那么繁荣……35

生命时间线（下）……36
　　爬行动物时代……36
　　哺乳动物时代……37

生生不息：生命的起源与繁衍

百万物种的家园（上）……40
　　生命出现在2万米高空……40
　　越离赤道越稀罕……40
　　地下2000米处的生命……41

百万物种的家园（下）……42
　　海洋生物活跃在大陆边缘……42
　　给海洋分层……42
　　深入到海底……43

生物的分"界"……44
　　身材小小，数量庞大……44

真菌植物大不同……45
生物圈中的主角……45

微乎其微，微生物……46
　　病毒是生物吗……46
　　大小的问题……47
　　无处不在的微生物……47
　　想动就动，想停就停……48
　　几百万年的冬眠者……48

细菌，没你想的那么坏……48
　　这个速度也太快了……49

■ 我的第一次探索

谋生手段多种多样 ……………49

越简单越可怕 ………………50
  入侵，入侵 ………………50
  有些病毒真可恶 ……………51

瞧！这些单细胞贪吃者 ………51
  无时无刻不在动 ……………52
  寄生也会有风险啊 …………52
  小心这些家伙 ………………53

小小藻类，作用大 ……………53
  变绿 …………………………53
  大藻里面有小藻 ……………54
  哈，藻也会游泳 ……………54
  在"盒子"中生活 ……………55
  海洋中的巨藻 ………………55

它们生活在食物里面 …………56
  像植物不是植物 ……………56
  惊人的捕食"菌丝" …………56
  有些美味，有些致命 ………57
  真菌的战争 …………………57

真菌与动物，说不清的关系…58
  好一个"地下"花园 …………59
  发霉的隧道 …………………59
  昆虫杀手 ……………………60

自然界的太阳能板 ……………60
  气体分子来去自如 …………60
  真是遥远的运输啊 …………61
  长得也是千奇百怪 …………61
  寿命有长也有短 ……………62
  化作春泥更护叶 ……………62

花儿为谁而美丽 ………………63
  试着解剖一朵花 ……………63
  传播花粉的使者 ……………63

一个花粉就是一个使者 ………64
  不结果的"假花" ……………64
  运气的成分比较大 …………65
  自从有了私人快递员 ………65
  谁的花粉谁来传 ……………66
  我们只在一种花上停留 ……66
  弹射和炸裂 …………………67

天生的旅行家……67
漂流者和漂浮者 ……68
动物助手 ……69

这些植物不开花……69
苔藓和地钱 ……70
蕨类植物 ……70
针叶植物和它们的近亲 ……71

植物可以活多久……72
生命的速战速决 ……72
生命的两个阶段 ……72
生命的持久战 ……72
终场演奏 ……73

一棵树是这样长大的……74
全凭一圈薄细胞 ……74
读年轮 ……75
与众不同的棕榈树 ……75
没有完全一样的两棵树 ……76

自我保护，各出奇招……76
绒毛虽小，威力惊人 ……76
记住刺和棘的教训 ……77
杀手铜化学武器 ……78

植物也吃肉……78
开和闭 ……78
紧紧粘住 ……79
溺死猎物 ……79
死胡同 ……80
水下猎人 ……80

植物之间的战争……81
找棵大树安个家 ……81
这些窃取别人养分的小偷 ……82
干脆入侵到内部去 ……82

呼吸，呼吸……83
鱼儿是怎样呼吸的 ……84
奇特的气管 ……84
呼吸一口气 ……84
在高处呼吸 ……85

动起来……85
只能随波逐流了 ……85
有鳍就是不一样 ……86
在自己的黏液上滑行 ……86
多腿的，少腿的和没腿的 ……86
哎呀，跑得可真快 ……87

滑行、飞行都出色……87
没有翅膀也滑行 …………87
反方向飞行 ……………88
带羽飞行者 ……………88

食草动物：全职的进食者……89
一生都在大吃大喝 ………89
吃不完就藏起来 …………90
消化不了？吐出来再吃 …91
成虫之后就不再吃啦 ……91

食肉动物：天生的猎手………92
慢动作捕猎者 ……………92
长着犬齿的猛兽 …………93
别小瞧了鸟的爪子 ………93
大规模杀戮者 ……………94

食腐动物：大自然的清道夫…94
残骸碎片也是美味佳肴 …94
泥土中的食腐动物 ………95
有翅膀的食腐动物 ………95

危险，快跑……………96
三十六计走为上计 ………96
骗术专家和它们的骗术 …97

装死也是一条出路 …………97
吃不到的美食 …………98

想方设法，传宗接代………99
单亲家庭也能生儿育女 …99
单性、双性，哪个更好 …99
表达爱意也会有风险 …… 100
"才艺展示"和"战斗" … 100

生命的开端……………101
生命，从一颗卵开始 …… 101
父母的守护 …………… 102
保护使命在出生后继续 … 102
哺乳动物家庭 ………… 103

生命的成长……………103
一出生就独自觅食 ……… 103
变化发生在不知不觉中 … 104
慢慢地变化 …………… 105
化茧成蝶 ……………… 105

谁被吃了………………106
这就是食物链 ………… 106
食物链有多长 ………… 107
是谁站在了金字塔的顶端 … 107

比食物链更复杂的是食物网　108

很像，但不是亲戚……………… 108
　　　自然的效仿者 …………… 108
　　　被隐藏起来的过去 ……… 109
　　　搞清楚是不是亲戚不容易 … 109

灭绝了，就再也回不来了… 110
　　　最后的出局者 …………… 111
　　　逐渐萎缩 ………………… 111
　　　发生在多年前的灾难 …… 111
　　　可怕的大灭绝 …………… 112

天生的和非天生的………… 113
　　　天生一身好本领 ………… 113
　　　本能也有"出错"的时候 … 114
　　　学习，为了更好地生存 … 114
　　　还有更聪明的 …………… 114

动物建筑师……………… 115
　　　水坝建筑师 ……………… 115
　　　真正的高手在树上 ……… 116
　　　代代相传的鸟巢 ………… 116

沧海桑田：古老又活跃的星球

CANGHAISANGTIAN GULAO YOU HUOYUE DE XINGQIU

■ 我的第一次探索 ●●●●

这些东西让地球充满生机

我们居住的星球是太阳系8大行星之一，但是据目前所知，地球是唯一有生命存在的星球。尽管已经经过了很多年的探索，但天文学家们仍然没有在宇宙的其他任何地方发现与地球相似的星球。

与太阳系的其他行星相比，地球很小。木星的直径超过140 000千米，其体积是地球的1 300倍。水星、金星和火星在体积上与地球较为接近，但是它们不是受到太阳的炙烤就是被包围在严寒中。而只有地球处于合适的温度范围内，因此拥有了水和生命。

↗ 在太阳热能的作用下，地球上的水不断地循环。雨水汇入陆地上的河流，同时也渗入泥土和多孔岩石中。地下水需要经过几千年之后，才能最后汇入大海。

◇ **水让地球与众不同**

正是水让地球变得独一无二。水也存在于太阳系的其他星球上，但几乎都是以冰的形式存在的。而在地球上，大部分的水都是以液态形式存在的。它慢慢地循环，传播太阳的热量，蒸发形成云，然后形成降雨。如

↙ 地表大气的厚度大约为400千米，但是大部分的水分蒸发过程发生在12千米的低空中，该领域被称为对流层。当锋面经过地球表面时，那里的大气状况就处于经常性的变动中。

果没有水，地球的表面就会像月球表面一样积满灰尘且没有生命。

地球上97%的水存在于海洋中，2%的水存在于冰川和极地冰雪中。剩下的1%几乎都为淡水了。其中只有0.001%的水蒸发在空气中。

◇ "多功能"大气层

在月球上，天空看起来是黑色的。而在地球上，天空很漂亮，是蓝色的。这是因为地球被大气包围着，大气可以分散来自太阳的光线。事实上，大气的作用远远不止这一点。它保护地球上的生物不受有害辐射的危害，同时帮助保持地球的温度。此外，大气中含有生物维持生命所必需的气体。

氮气几乎占据了大气的4/5，所有的生物都需要这种气体，但是只有微生物可以直接从大气中获取该种气体——它们将氮气转化成植物和动物可以使用的化学物质。

氧气是更为重要的气体，因为生物需要靠其来释放能量。氧气占据了大气的1/5，由于其可溶于水，所以在地球上的江河湖泊中都含有氧气。

↗ 地球磁场保护我们不受太阳粒子的危害。在地球的南北两极，这些粒子形成闪耀的光帘，被称为"极光"。

在这里需要介绍的第三种气体是二氧化碳，这种气体在大气中的含量很少，大约只占0.033%，但是世界上的所有植物和很多微生物的生长都离不开它。

◇ "不安分"的地壳

地球表面的平均温度约为14℃，比较舒适。但是在地球内部，却至少有4 500℃。地心的热量涌到地表，熔化了岩石，引起了火山爆发，并使得大陆板块处于不断地移动中。其中的一些变动危及了地球上的生命，但是也创造了很多机会。

如果没有这些变动，地球上的生命或许不会像现在这样多种多样。

我的第一次探索

地球的诞生充满"暴力"

> 大约在47亿年前,气体和尘土在重力的作用下聚集形成了地球,而这时,太阳系也就诞生了。

最初形成的地球与我们现在所知道的地球是完全不一样的,它没有空气也没有水,像月球上那样完全没有生命的存在。但是随着时间的推移,地球的内部开始出现热能,整个星球也开始出现变化。重元素比如铁等开始沉淀到地心部位,而轻的元素漂流到地球表层。随着地表温度的降低,矿物质开始结晶,形成了地球的第一层固体岩石层。热能的流动也引发了火山爆发,同时为生命的出现铺平了道路。

便形成了早期的大气,其中含有大量的氮气、二氧化碳和水蒸气,但是几乎没有氧气。

在大约40亿年前,地球温度降低,使得部分水蒸气开始聚集起来。最初,水蒸气形成小水滴,整个地球上空覆盖起了云层。随着水蒸气聚集到一定程度,便形成了第一次降雨。有些倾盆大雨甚至持续了几千年,大量的降水渐渐形成了大海,随后大洋也开始出现了,而这里正是生命诞生的地方。

◇ 大雨一下就是几千年

地球的岩石层形成于大约45亿年前,当时的火山比现在要活跃多了,地球表面到处都散布着火山爆发冷却后沉积下来的岩石层。与此同时,火山爆发释放出大量的气体和水蒸气。较轻的气体比如氢气便上浮到宇宙空间,而较重的气体则由于地球引力作用而留在了近地球的适当位置。这样

◇ 频繁的外来撞击

年轻的地球常常遭到来自宇宙的碎片的撞击。大部分碎片是由尘土构成的,但是极具破坏力的陨石也会一次次地撞击地表。

在地壳形成后不久,可能曾有另一个星球撞击进入地球之中,使地球的重量增加了一倍,这也几乎把地球撞成两半。

自然大发现

↘ 地球形成后,其表面渐渐冷却,这使固体岩层得以形成。地球的核心部位由于压力和自然的放射性而一直保持着高温。需要大约几亿年的时间才能完全消耗掉这些热量。

一些科学家认为,月球很有可能是在这次撞击中形成的。根据这种理论,撞击过程中有大量的岩石散到宇宙中,之后又因为地心引力作用而聚集到一起。另一种可能性是,月球是作为一个完整的球体,在靠近地球时被其"俘获"的。

↗ 与月球不同的是,地球表面分布着火山。发生在大约60万年前北美洲的一场火山爆发产生了1 000立方千米的熔岩和火山灰。而在更早的时间里,甚至出现过更大规模的火山爆发。

◇ 发怒的大山

在月球上,陨星撞击留下了永恒的环形山,因为没有什么可以将之消磨夷平。然而,地球的表面却长期接受着风、雨和冰雪的洗礼改造。火山爆发则带来更加巨大的变化,其不仅促成了山脉的形成,而且使得大陆板块一直处于移动状态。这些变化从海洋和大气最初出现时就已经开始了,岩石也因此被分解成细小的颗粒,并被冲刷到河流中,最后被带入大海。在这个过程中,岩石颗粒沉积下来,构建起海床。几千年以后,这些沉积物转变成坚固的岩石。如果这些岩石被向上抬升,就可以形成干旱的陆地,则岩石的循环就将再一次进行。

在世界的很多地方,地壳就像一个很大的三明治,由很多几百万年前沉积下来的岩石构成。这些岩石层记录着地球的历史,并显示岩层形成时的状况。

岩层中的化石也可以告诉人们,在那一时期地球上存在着哪些生命。

◇ 谁制造了最早氧气

地球最初形成的岩石层已经看不到任何痕迹了,因为它们早已经被破坏掉了。迄今为止发现的最早的岩石

■ 我的第一次探索

层大约形成于39亿年前，这些岩石中不存在化石。尽管如此，科学家们还是相信，当这些岩石形成时，生命已经开始起步了。这些原始生命存在于地球上氧气非常稀少的时候。但是在接下来的20亿年中，大气中的氧气含量开始渐渐上升，直到其达到21%的比例——这也正是如今氧气在大气中的含量。神奇的是，这种变化完全是由生命体带来的，最先负责该项转化工程的生物是微小的细菌。通过阳光、水和二氧化碳，细菌渐渐形成一种生存的方式，即光合作用——细菌从空气中获取二氧化碳，而将氧气作为副产品释放出来。每一个细菌释放的氧气量都很小，但是经过万亿代的努力，大气中开始出现大量的氧气。没有这些早期的细菌，空气根本不适宜呼吸，动物类生命更不可能存在于地球上了。

↗ 在美国的"大峡谷"，河水将岩石向下冲刷出1 600米的深度，这是地球上可以看到的最大的深度。峡谷底部最古老的岩石大约形成于20亿年前。

自转公转，不知疲倦

地球不是静止地悬挂在空中，而是一刻不停地转动着，地球自转的平均时速为1 600千米，同时地球还绕着太阳公转，其时速为10万千米。

由于万有引力的作用，人们被牢牢吸在地球上，因此无法感知到地球的公转与自转，但是人们可以在地球上观测到太阳的位置是不断变化的。

正是地球的这种运动产生了昼夜更替和四季变化的现象。

★地球绕太阳一周的路程大约是939 886 400千米。
★地球与太阳的距离大约为1.5亿千米。

◇ 白天和黑夜

地球绕太阳一周需要365天，而地球自转一周仅需1天。这样就使得地球上总有一面向着太阳而另一面背着太阳：向着太阳的一面是白天，背着太阳的一面是黑夜。由于地球绕着相对静止的太阳转动，因此世界各地都在进行着昼夜的更替，每个地方都有白天和黑夜。地球自西向东转动，由于相对运动的结果，人们看到的太阳是东升西落的。地球自转一周所需要的时间是24小时，因而我们平时所说的1天也是指24小时。

◇ 年

地球绕太阳公转一周的时间叫做1年，1年为365.242天。由于地球公转的轨道不是正圆形而是椭圆形，因而地球与太阳的距离会有所改变。地球距太阳最近的点叫做近日点，出现在每年的1月3日；地球离太阳最远的点叫做远日点，出现在每年的7月4日。

◇ 一年有四季

由于地球自转轴不是垂直的，而是与地球绕太阳公转的黄道面有一个夹角，叫做地球自转倾角。太阳在地球绕其公转的一年中会直射地球的不同地方，相应地造成南北半球接受的太阳辐射不同，所以在这两个区域就会出现四季。

当地球的北半球（赤道以北的区域）面向太阳时，北半球接受的太阳辐射增加，就逐渐进入夏季；此时南半球是背向太阳的，所受太阳辐射减少，就逐渐进入冬季。相反，当地球

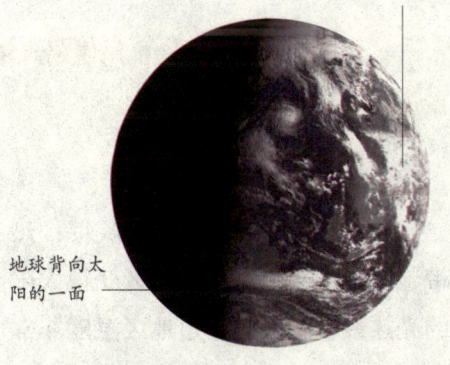

地球面向太阳的一面

地球背向太阳的一面

↗ 这张卫星图片显示：在任何时候总有一半的地球表面是暴露在太阳下的。太阳的辐射能是地球主要的能量来源，为地球提供了充足的光和热，没有太阳就不会有地球上的生命存在。

▪ 我的第一次探索 ◆◆◆◆

位于太阳的另一侧、北半球背向太阳时，北半球就会逐渐进入冬季，南半球则逐渐进入夏季。地球在绕太阳转动的过程中，当两个半球都不能获得更多的太阳辐射时，于是就产生了春季和秋季。

◇ 24 时区

地球总是自西向东自转，因而东边总比西边先看到日出，东边的时间也总比西边的早。为了克服时间上的混乱，人们将全球划分为24个时区。每个时区正好是一小时。出国旅行的人，必须随时调整自己的手表，才能和当地时间相一致。凡向西走，每过一个时区，就要把表拨慢1小时；凡向东走，每过一个时区，就要把表拨快1小时。伦敦正午12点时，正是纽约上午7点或东京晚上9点。

↗ 24 时区划分示意图

地球气候带

离赤道越近的地方，气候越炎热；离赤道越远的地方，气候越寒冷。这究竟是为什么？

地球上有3个类型的气候带：热带、温带和寒带。赤道地区获得太阳的光热最多，因此赤道地区温度非常高，为热带；远离赤道的地区，获得太阳的光热较少，因此比赤道地区温度要低，为温带；南北两极接收的太阳光照特别少，因此这些地区终年非常寒冷，为寒带。

◇ 气候成因好复杂

不同地区的气候取决于这个地区离赤道距离的远近，同时还受到当地

自然大发现

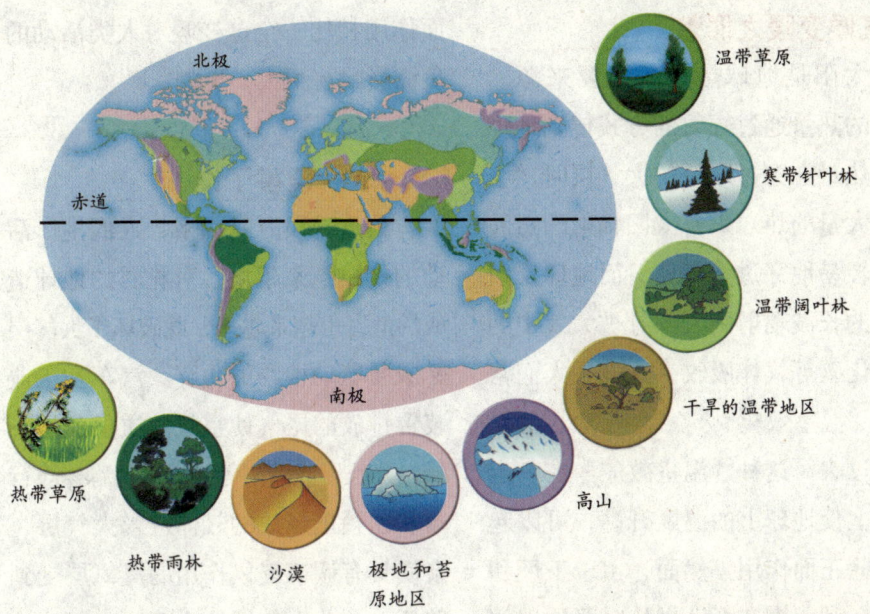

海洋、山脉等因素的影响，因此气候类型的划分是一项很复杂的工程。例如，海洋地区比较温暖湿润，而远离海洋的内陆地区则夏天炎热，冬天寒冷。世界上最冷的地方在南极洲，那里只有很少的生物生长，没有人类长期居住。

★位于埃塞俄比亚的达罗尔谷地是世界上平均气温最高的地区之一，年均气温为34.4℃。
★世界上降水量最多的地方是印度的乞拉朋齐，年均降水量达12 700毫米，年最大降水量多达22 990毫米。

◇ 这里只有夏天

热带地区全年皆夏，年平均气温在27℃左右。热带气候多种多样：热带沙漠地带，常年干旱少雨，日照强烈，气温极高，撒哈拉沙漠就属于热带沙漠气候；有的热带地区，高温多雨；有些热带地区既有闷热多雨的雨季，又有干旱少雨的旱季。在热带雨林地带，年降雨量特别大，热空气中夹杂着的大量水汽在早上聚积并上升形成雷雨云，午后时分，雷雨云越积越多，最终形成降雨。热带地区的植被茂盛，树的蒸腾作用强，空气非常潮湿。

■ 我的第一次探索

◇ 气候变暖之罪魁

太阳是地球热量的主要来源。太阳的热量通过辐射的方式传到地球上，热量在穿过厚厚的大气层时，会损失大量的热。来自太阳辐射的短波可以轻易地穿过大气层，而地球反射出来的长波辐射则大部分被大气中的二氧化碳等气体吸收，这就是人们常说的"温室效应"。

过去，这种"温室效应"在一定程度上使地球上的温度升高，可以起到一些正面作用。然而，由于工厂和汽车在利用煤和石油燃烧时释放出的温室气体越来越多，气体吸收了越来越多的热量，使得"温室效应"大大增强，科学家们认为温室气体就是引起全球气候变暖的最主要原因，与正面作用相比，全球变暖对人类活动的负面影响将更大、更深。

◇ 地球污染害了谁

最近一段时间以来，人们生产活动的规模越来越大，对脆弱的地球造成的危害也越来越多，既破坏了大气层又威胁着动植物的生存。汽车和工业装置排放的尾气使空气的质量急剧下降，并且形成酸雨等降水；超音速飞行器和冰箱里释放的气体进入大气层，会使具有调节气候作用的臭氧层受到破坏；农业上使用的农药进入河流。人类的这些活动已经给地球带来严重恶果：许多种类的稀有动植物已经灭绝；森林锐减；大面积风景如画的乡村随着海平面的上升也逐渐被淹没。

↗ 人类的生产活动引起了一系列的环境问题。

自然大发现

会漂移的大陆

知道吗？我们脚踏着的陆地并不是静止的。全球地壳被分成了若干个板块，每个板块都时刻不停地在我们的脚下移动着。

1. 大约2.2亿年前，地球上只有一块超级大陆称为泛古陆，被无边无际的泛古洋所包围。这时泛海洋中一个巨大古海——特提斯海开始向泛古陆扩展。

2. 大约2亿年前，泛古陆以特提斯海为界，分裂为2部分。北面是劳亚古陆，包括亚、欧、北美的古大陆；南面是由南美、非洲、大洋洲、南极洲以及印度拼合而成的冈瓦纳古陆。

3. 大约1.35亿年前，那时在非洲和南美洲之间开始出现南大西洋，印度脱离非洲大陆，向亚洲大陆方向漂移，欧洲大陆和北美洲大陆这时仍然是连在一起的。

4. 大约6000万年以前，北美洲大陆和欧洲大陆分离，印度也投入了亚洲大陆的怀抱，大洋洲与南极洲最后分离。经过逐渐漂移，南极洲大陆最后移到了南极地带。

仔细观察地图，你会发现，南美洲东海岸线与非洲西海岸线几乎可以吻合，而在它们之间的大西洋像是一道裂痕。据此，德国气象学家魏格纳于1924年提出"大陆漂移说"。这一理论认为，在2.2亿年——恐龙时代——以前地球上只有一块无边无际的泛海洋所包围的超级大陆，称为泛古陆，由较轻的固态硅铝层组成。到古生代以后，泛古陆由于地震的影响开始破碎，碎块在地球自转和日月潮汐力的作用下，逐渐漂移开来，形成

◼ 我的第一次探索

了今天的陆海分布格局，并且还一直处于漂移状态。

◇ **大陆板块像木筏**

新全球构造理论认为：不论是大陆地壳或是海洋地壳都曾发生并还在继续发生大规模的平移运动。理论认为地球表面的岩石圈的构造单元是板块，全球被划分为20个板块地带，其中包括9个大板块，还有11个较小的板块。各个板块之间相互滑动着，其中大陆板块就像漂浮在水中的木筏一样。

◇ **当板块撞到一块时**

板块包括地壳和地幔上部，各板块在其交接部分做相对运动，其中一种是一个板块向另一个板块做俯冲运

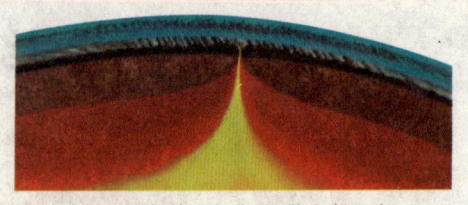

↗ 海底的两个板块互相作用，做分离运动。

动，即板块聚合。板块聚合多发生在环太平洋带及地中海—喜马拉雅带。当一个板块俯冲到另一个板块下面时，会在海底形成一道很深的沟，如马里亚纳海沟。

◇ **当板块离开对方时**

各板块在其交接部分做相对运动时，有时会做相互分离的运动，即板块分离。炽热的熔岩沿着地壳巨大裂缝溢出地表，冷凝后形成覆盖面广阔的熔岩地带。太平洋正以每年20厘米的速度扩张着。

会长高变矮的山

> 高山看起来是固定不变的，但实际上高山作为一种动态资源，是随气候的变化而不断变化的。

世界上的山是随地球的形成而形成的，其中最高大的喜马拉雅山形成于4 000万年以前，直到现在还在不断长高；而大部分山脉则随着气候的变化慢慢变平，或者退化为丘陵，美国的阿迪朗达克山就经历了这样的变化。

自然大发现

◇ 山的成因各不同

山的种类一般分为3种。熔岩山是由岩浆或熔岩堆积而成的锥形小山,华盛顿的圣海伦山就是一座熔岩山;还有一部分山是由地壳断裂上升形成的块状山体,称为断层山;而世界各个大洲的最高山脉,都是因地壳运动,造成地表岩石大面积褶皱而形成的,称为褶皱山。位于南、北美洲西部的安第斯山脉和落基山脉都属于褶皱山。

◇ 断层山

由于地壳的剧烈运动(如发生地震),岩石层中的巨大岩石会产生层间滑动或者断层错动,它们的移动速度非常慢,大约只有几毫米,慢慢累积起来,会有几米的距离。经过数百万年后,连续不断的地壳运动会使岩层上升或下降很大的距离。加利福尼亚州的内华达山脉就是由于地壳的抬升以及伴随的断层运动形成的断层山,内华达山脉巍峨险峻,陡峭处海拔约3 350米,山脉绵延数百千米。

◇ 褶皱山

地层是地壳表层呈带状分布的层状岩石。有些岩石是由沙、黏土等沉

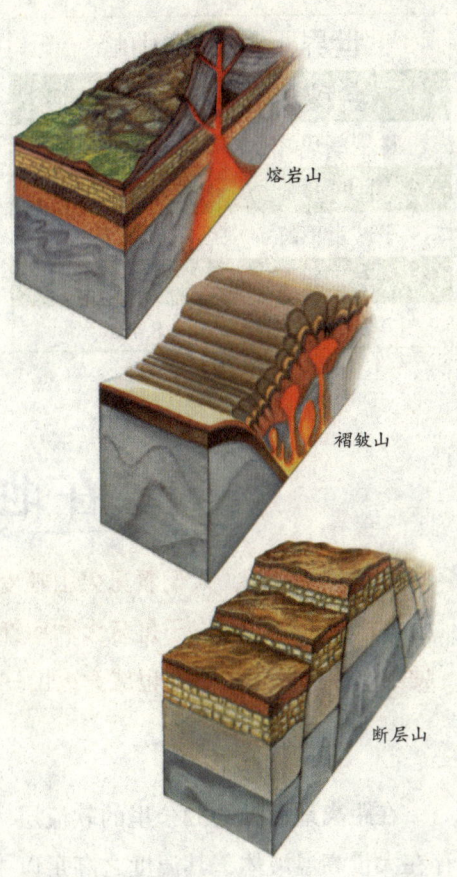

熔岩山

褶皱山

断层山

↗ 3种不同类型的山脉

积物积聚而成的,还有一些是由火山喷发时喷出的岩浆经冷却而成的矿物岩石,称为火成岩,大多由玄武岩组成。褶皱山是由于地壳受到倾斜、褶皱和挤压等外力作用而形成的山地。

◇ 喜马拉雅山一直在长高

地球上的大陆板块不断发生着碰撞、挤压。印度板块从当时的赤道附

■ 我的第一次探索 ●●●●

世界上最高的山峰	
名称	海拔
珠穆朗玛峰	8 844.43 米
乔戈里峰	8 610 米
干城章嘉峰	8 598 米
洛子峰	8 511 米
马卡鲁峰	8 481 米

近出发，向北漂移，在4 000万年前，印度板块与北方的欧亚大陆板块发生碰撞，就像一艘船劈开水时形成的波浪一样，喜马拉雅山开始隆起。由于印度板块移动的惯性非常巨大，以至于直到今天，它仍然以一定的速度向北推移。

囚禁在地下的大火

古罗马时期，人们看见火山喷发的现象，便把这种山燃烧的原因归之为火神武尔卡发怒，于是意大利南部地中海利帕里群岛中的武尔卡诺火山便由此而得名，同时它也成为火山一词的英文名称——Volcano。

在距离地面大约32公里的软流层存在大量高温液体，其温度之高足以熔化大部分岩石。在这里岩石熔融成为岩浆，岩浆比周围的岩石温度高，密度小，所以会经常往上涌。由于平时被死死地压在地壳下面，承受着巨大的压力，所以一旦岩浆遇到地壳较薄的地方或裂缝，就猛烈地冲出地面，冷却后成为火成岩，经过不断喷发，不断冷却堆砌，最终形成锥形的火山。

◇ **能量巨大的挥发分**

火山喷发是岩浆等喷发物在短时间内从火山口向地表的释放。由于岩浆中含有大量的挥发分（如水蒸气和二氧化碳等气体），加之上覆岩层的围压，使这些挥发分溶解在岩浆中无法逸出，当岩浆上升靠近地表时，压力减小，挥发分被急剧释放出来，冲破岩层并打开火山喷发的通道，将房屋大小的碎块喷向高空，形成火山喷发。

自然大发现

◇ 火山众生相

大部分火山都位于地壳表面各大板块的交接裂缝处，但其类型和规模有所不同。一种是一个板块俯冲到另一个板块下面，即两个板块聚合时，火山灰烬被冲到天空后落下堆积成有陡峭山脊的锥形山，这种火山被称为"锥形火山"，该型火山在爆发时，产生剧烈的爆炸，同时喷出大量的气体和火山碎屑物，其岩浆具有很强的酸性。另一种是两个板块发生分离时，岩浆由火山口流出，硬化形成很宽的盾形的火山，这种火山被称为

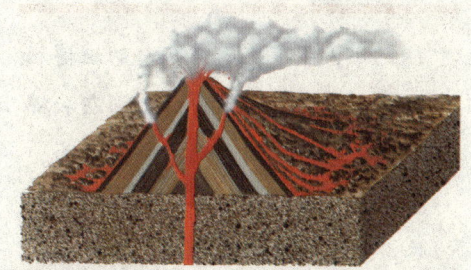
↗ 锥形火山

↗ 盾形火山

↘ 火山喷发示意图

当气体从火山口冲出时，会携带大量云状的灰烬和岩石碎块，并将其抛向高空，这些物质被称为"火山灰"

大团的挥发分气体在岩浆中迅速释放后突然迸发，如同溶解在香槟酒瓶里的气体冲开瓶塞一样

在火山喷发孕育阶段，岩浆内气体的溶量不断增加，岩浆体积逐渐膨胀，内压力增大

从火山口喷发出来的岩石碎屑，随着高温液体涌出，并以岩浆的形式向下流淌

· 15 ·

■ 我的第一次探索

* 1815年，印度尼西亚爪哇的坦博拉火山爆发，喷入空中的火山灰和碎石在地球大气圈中形成一个层面，它遮挡了太阳给予整个地球的光和热，结果导致在随后的两年时间里全球出现了潮湿、阴冷的天气。
* 220万年以前，在美国的黄石地区发生了一次巨大的火山喷发。从火山口喷发出来的物质足够堆积地球上现存的6座最大的火山。

"盾形火山"，形成盾形火山的岩浆酸性较弱，喷发速度比较慢。

◇ 喷的不一定是火

火山喷发时，有时只表现为气体的爆炸，而没有岩浆喷发出来，但是由于火山潜在的热量巨大，因而也会产生其他影响。有时，火山喷发不经过火山口，而是从一些裂缝中喷出，这时它的表层温度会高达数百摄氏度，当岩浆"烧热"泉水时，热泉就会流出地表，或者以蒸汽和水的形式直接喷出，形成"间歇泉"。不过，有时火山也可以在一天内从裂缝中喷出数百吨有毒的气体，就像浓烟从烟囱的"喷气孔"散出一样。

◇ 蔚为壮观的熔岩流

炽热的岩浆从火山口中涌出，并在火山口的下方堆积。炽热的熔岩缓缓流入大海，激起海面上一团团水汽，形成水火交融的壮丽景观。在太平洋的夏威夷火山就能看见这一景象。

◇ 火山上的大湖

发生火山喷发时，熔岩和火山碎屑物（火山灰、火山弹、火山渣）的沉积逐渐形成锥形火山，强大的气体压力使靠近地表的岩浆库急剧裂开。爆炸过后，火山顶峰坍塌，形成宽而圆的火山口。

下次喷发时，喷出的气体和熔岩再次摧毁圆形山顶，形成更为宽阔的火山口。这样，熔岩和爆炸沉积物一层层累积起来，经风化和侵蚀后扩大，积水成为湖，美国俄勒冈州的火山口湖就是这样形成的。

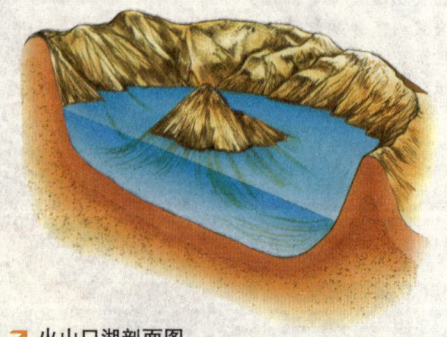

↗ 火山口湖剖面图

大地在震怒

地震可以摧毁一座山，也可以使一个城市顷刻间成为废墟。

大部分地震都是由于运动引起岩层断裂错位而产生的地壳震动，称为构造地震。地震是地壳岩石的突然变化，地质运动会引起地壳岩层变形而产生应力，岩层变形的不断累积会使应力增大。当岩层应力大于岩层强度时，岩层就会突然断裂错位，并以振动的方式急剧释放长期积累的能量，从而产生地震波。地震波向四面八方传播出去，当达到一定强度时，引起地面震动，即地震。

◇ 震级与烈度

震级作为一个观测项目，是美国地震学家C.F.里克特于1935年首先提出的。地震有强有弱，用以衡量地震本身强度的"尺子"叫做震级（由于震级标准是里克特提出来的，所以又称"里氏震级"），最低为1级（轻微的小震），最高为大于9级（巨大地震）。"里氏震级"只是一个量级，不能描述地面遭到地震影响的程度，因而地震学家又定义了"麦氏震级"，即烈度。用地震烈度来描述地面遭到地震影响和破坏的程度。"麦氏震级"用罗马数字Ⅰ~Ⅻ表示，最低为Ⅰ级（Ⅰ级时人几乎感觉不到），最高为Ⅻ级（Ⅻ级时可造成毁灭性的破坏）。

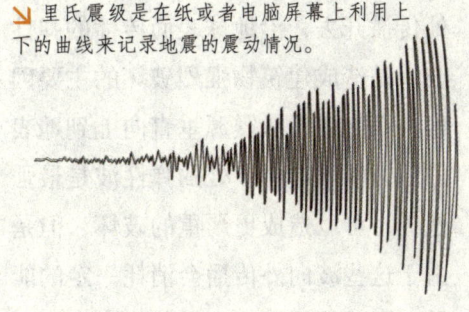

↙ 里氏震级是在纸或者电脑屏幕上利用上下的曲线来记录地震的震动情况。

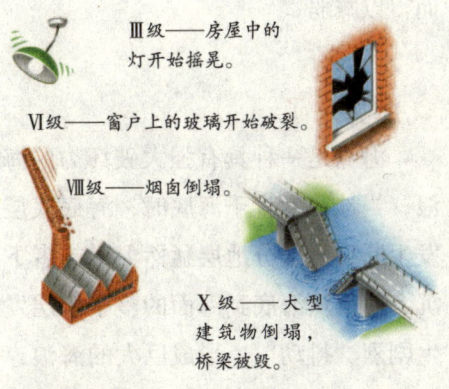

Ⅲ级——房屋中的灯开始摇晃。

Ⅵ级——窗户上的玻璃开始破裂。

Ⅷ级——烟囱倒塌。

Ⅹ级——大型建筑物倒塌，桥梁被毁。

↗ **麦氏震级标准**

■ 我的第一次探索

↘ 地震波向四面八方传播，达到一定程度时，就引起地面震动，称为地震。

◇ 都是地震波惹的祸

地震波是指从震源产生的向四处辐射的弹性波。由于地震介质的连续性，这种波就向地球内部及表层各处传播开去，沿地球表面传播的弹性波，是造成建筑物强烈破坏的主要因素。而震中（从震源垂直向上到地表的地方叫做震中）处的弹性波是最强烈的，可以造成更严重的破坏，但是由于这些波向外传播会消耗一定的能量，因此其破坏程度随着距离的增大而得以减弱。

◇ 海啸来了

海啸是一种具有强大破坏力的海浪，当地震发生于海底时，海底底层发生断裂，部分地层猛然上升或者下沉，使得从海底到海面的整个水层发生剧烈"抖动"，形成巨大的海浪，向前推进，从而造成将沿海地带——淹没的重大灾害。

◇ 躲开地震带

地震发生较多又比较强烈的地带，称为地震带。欧洲东南部地震带和环太平洋地震带都是著名的地震多发区。通常这些区域小震频繁，每经过一段时间都会爆发一场大的地震。居住在美国加利福尼亚州的人们经常处于地震的威胁中，加州处于太平洋板块和北美洲板块的结合处，太平洋板块一直缓缓地向东北方向移动，不断挤压北美洲板块，造成加州地区地质活动频繁。著名的圣安德利亚斯断层是加州地震的最大"肇事者"。1906年，由于此断层而爆发的旧金山大地震，引起的大火烧毁了整个旧金山市区。

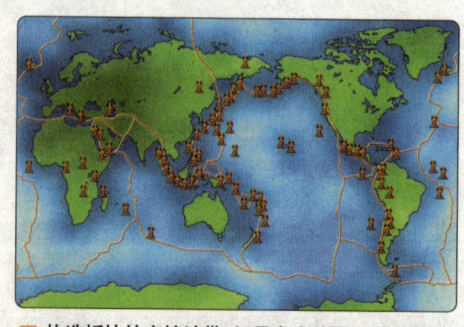

↗ 构造板块的交接地带，极易发生地震和火山爆发。

自然大发现

水在那里，不增不减

地球上水的总量是不变的，水在太阳辐射和重力作用下，以蒸发、降水和径流等方式进行的周而复始的运动过程，称为水循环。

太阳辐射使水分从海洋和陆地表面蒸发（变成水蒸气），从植物表面散发变成水汽，成为大气组成的一部分；水汽随着气流从一个地区到另一地区，或从低空到高空；大气中的水汽在适当条件下凝结，并在重力作用下以雨、雪和冰雹等形式降落；降水在下落过程中，除一部分蒸发返回大气外，另一部分经植物截流、填洼等形式滞留地面，并通过不同途径形成地表径流和地下径流，汇入江河湖海。如此往复，形成了水循环。

← 1.太阳辐射使水分从海洋和陆地表面蒸发，变成水蒸气，成为大气组成的一部分；

2.水分从植物表面散发变成水汽，成为大气组成的一部分；

3.水汽随着气流从一个地区到另一地区，或从低空到高空，变成云；

4.云承载的重量太大时，大气中的水汽在适当条件下凝结，并在重力作用下以雨、雪和冰雹等形式降落；

5.降水在下落过程中，除一部分蒸发返回大气外，另一部分经植物截流、填洼等形式滞留地面，并通过不同途径形成地表径流和地下径流，汇入江河湖海。

◼ 我的第一次探索 ●●●●●

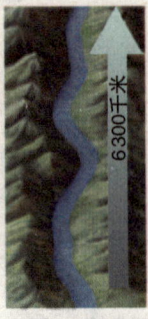

大洋洲最长的河——墨累河 3490千米

欧洲最长的河——伏尔加河 3690千米

北美洲最长的河——密西西比河 6262千米

亚洲最长的河——长江 6300千米

南美洲最长的河——亚马孙河 6480千米

非洲最长的河——尼罗河 6671千米

↗ 分布在每个大洲的最长的河流。（关于河流的长度，不同的资料有不同的说法，主要差异在于如何确定河流的发源地。）

◇ 其实可以用的没多少

地球的水储量相当丰富，共有5.25亿立方千米之多，不过淡水资源仅占3%。而在这极少的淡水资源中，又有绝大部分被冻结在南北两极的冰盖中，加上难以利用的高山冰川、永冻积雪和深层地下水，真正能被人类利用的淡水资源仅剩下江河湖泊和地下水中的一部分，现在这些淡水资源被广泛应用于工业、农业、植被以及生活等方面。

◇ 河流的水从哪儿来

地球上的降水和高山融雪可以有效地补给河流，随河水流入海洋或湖泊中。

事实上，河流的补给不仅仅来自降水，在一些比较潮湿的地方，即使年降水量非常少，当地的河流依靠地下水的补给，仍然不会干涸。这是因为降雨时雨水不仅仅在地表上向四处流淌，同时也会渗入地下补给地下水，当地下水遇到岩石阻挡时，压力增大，水位逐渐升高，最终涌出地面，形成泉水。

◇ 扇形三角洲与鸟足三角洲

河流流入海洋或者湖泊时，水流

↗ 扇形三角洲示意图

开始向外扩散，因流速降低，动能显著减弱，所携带泥沙开始大量沉积，逐渐冲刷成一片向海或向湖深处的平地，从平面上看，外形呈三角形或者扇形，所以称为三角洲，水流在此处发生分叉，形成很多支流。在海水浅波浪作用较强、能将深处河口的沙嘴冲刷夷平的地区，常形成扇形三角洲。非洲尼罗河的入海口就有面积很大的扇形三角洲。在波浪作用较弱的河口区，河流分为几股同时入海，各支流的泥沙量均超过波浪的侵蚀量，泥沙沿各岔道堆积延伸，形成长条形大沙嘴深入海中，使三角洲外形呈鸟足状。美国密西西比河三角洲就是一个典型的鸟足形三角洲。

◇ **冰川湖**

北美洲和欧洲的许多大湖都是约1万年前的冰川活动的产物。它们位于当年被冰川活动反复扩大的河谷中，湖盆主要由冰川刨蚀而成。当大陆冰川消退后，冰水聚积于冰蚀洼地中，形成了冰川湖。包括苏必利尔湖在内的许多大湖都是通过这种方式形成的。

谜一样的海洋

目前为止，人类已探索的海底只有5%，还有95%的海底是未知的。

世界共有四大洋：太平洋、大西洋、印度洋和北冰洋，大部分以陆地和海底地形线为界。另外地球上还有很多的大海，如地中海、红海、黄海、渤海等。目前为止，人们对于深海底部的了解还不如对火星表面了解得多。现在，科学家利用声呐和计算机模拟等技术发现，海底世界的面貌和我们居住的陆地十分相似：有雄伟的高山，有深邃的海沟与峡谷，还有辽阔的平原。

◇ **平静的太平洋**

太平洋是世界上最大的大洋，其面积约为1.81亿平方千米，是世界第二大洋大西洋面积的2倍，约占地球面积的1/3。太平洋上有数千个岛屿，其中包括大量的火山堆，通常山

■ 我的第一次探索

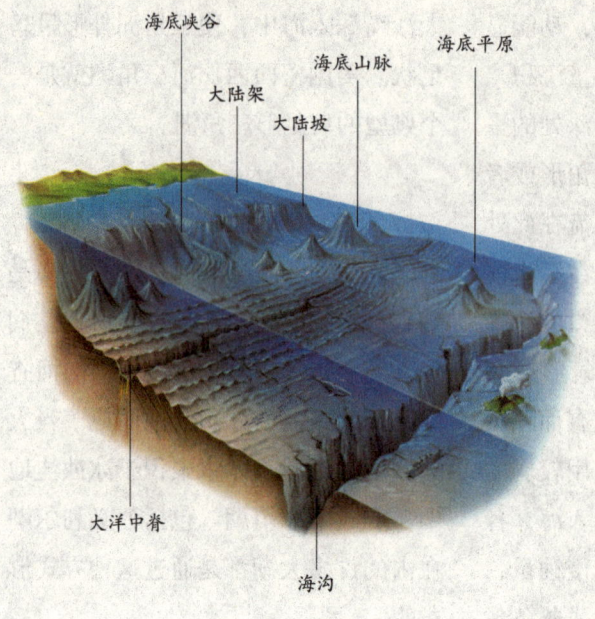

海底峡谷　大陆架　大陆坡　海底山脉　海底平原　大洋中脊　海沟

顶只高出海平面1米左右。太平洋的海面十分平静，这就是其英文之所以称为"Pacific"的原因。

◇ **世界上最长的山脉在海底**

海底平原的面积广大，但并不是真正意义上的"平"。世界大洋的底部像个大水盆，边缘是浅水的大陆架，中间是深海盆地，洋底有高山深谷及深海大平原。太平洋的海底地貌起伏较大，有规模宏大的海底山脉。大西洋底部存在世界上最长的山系，叫做大洋中脊，这条山系纵穿整个大西洋，东折后与印度洋山系的西南支相连。

◇ **世界上最深的地方**

越过大陆坡，就是深邃的海沟或岛弧——沿着海沟的火山。在此处，大洋板块俯冲到大陆板块以下，其交错地带形成了海沟，海沟是海洋中最深的地方，它与附近的岛屿构成了地球上最大的高度差。马里亚纳海沟为目前所知的世界上最深的地方，也是地壳最薄之所在，位于太平洋西部，深度达10 920米。1960年，"得里亚斯特"号深潜器下潜到了海底。

◇ **海底"黑烟囱"**

在海洋的深处，发现有多处喷涌缕缕黑烟的天然烟囱，我们称之为"黑烟囱"。海底出现地裂和扩张，地球内部源源不绝喷涌而出的熔岩冷却凝结成新的海底岩石，将古老的海床置于其下并取而代之。海水在地心引力的作用下倾泻深入地裂中，同时形成海底环流将熔岩中大量的热能和矿物质携带出来。当炽热的海水再度喷射到裂缝上方并与冰冷的海水相遇时，其中含量丰富的矿物质被溶解并形成缕缕漆黑的烟雾。矿物质遇冷收缩最终沉积成烟囱堆积物，地裂中热液顺烟道喷涌而出形成景致奇异、妙趣横生的海底热泉。

◇ 潮汐，一涨一落有规律

通常，地球上绝大部分地方的海水每天都出现两次涨潮和两次落潮。海水上升时高出海面，称为"涨"；海水退去时，称为"落"，海水这种周期性的涨落运动就是"潮汐"。科学地讲，潮汐是海水在月球和太阳对地球的引力作用下所发生的周期性运动。地球在向着月球的地方，月球的引力大于离心力，引力起主导作用，此时出现涨潮现象；在背对月球的地方，离心力大于地球的引力，离心力起主导作用，也会形成涨潮。海水的潮来潮往很有规律性，每个月会涨两次大潮。

↗ 景致奇妙的"海底烟囱"

保护地球的"外衣"

地球的大气层，是地球的一件"外衣"。它以2000~3000千米厚的大气将固体地球紧紧地裹在里头。如果没有大气层，地球就会像月球一样，根本没有生命存在。

白天，太阳光透过大气层，照射到地球上的热量是很多的，但由于大气层把一部分热给反射了出去，使地球表面的温度，不至于升得太高。夜晚，地表得不到太阳光的照射，也就没有热量的收入了，这时又幸亏有大气层阻止热量向太空散失，使地表的温度又不至于下降得过低。而且当阳光进入地球大气时，大气中的化学物质可以把太阳辐射中的有害成分吸

■ 我的第一次探索 ●●●●

外逸层
大约距地面500~800千米处。这里的大气已极其稀薄，温度很高。低轨道的卫星位于此处

热层
大约距地球表面80~500千米处。热层的大气因受太阳辐射，温度较高，超过1 800℃，气体分子或原子大量电离，复合概率又少，形成电离层，能导电，反射无线电波

中间层
大约距地球表面50~85千米处。中间层的空气已经很稀薄，突出的特征是气温随高度增加而迅速降低，空气的垂直对流强烈。陨石经过大气这一区域时就会燃烧成流星

平流层
大约距地球表面10~50千米处。平流层的空气比较稳定，大气是平稳流动的，故称为平流层。在平流层中水蒸气和尘埃很少，基本上没有水气，晴朗无云，天气很少发生变化，氧分子在紫外线作用下，形成臭氧层，像一道屏障一样保护着地球上的生物免受太阳高能粒子的袭击

对流层
大约距地球表面0~10千米处。对流层的气体总量占整个大气层的3/4，对流层的大气受地球影响较大，云、雾、雨等现象都发生在这一层内，水蒸气也几乎都在这一层内。这一层的气温随高度的增加而降低，大约每升高1 000米，温度下降6.5℃

收掉。大气层为人们提供新鲜的饮用水，并提供人类以及其他动物生存所需要的氧气。由太阳辐射引起的各种地球上的天气变化现象也都发生在大气层中。

◇ **找不到尽头**

地球大气层或大气圈是包裹在

地球外围的一层空气，是地球最外部的气体圈层。大气层的最底部是对流层，紧靠地球表面，其厚度大约为10千米，是大气中最稠密的一层，约占整个大气总量的70%以上。对流层以上，空气变得越来越稀薄，当延伸至距地球表面800千米的地方时，大气已极其稀薄，很难界定哪里是大气层的终点，哪里是太空的起点。

◇ 冷空气与暖空气

地球任何地方都在吸收太阳的热量，但是由于地面每个部位受热的不均匀性，空气的冷暖程度就不一样。于是，暖空气膨胀变轻后上升，冷空气冷却变重后下降，这样冷暖空气便产生对流，形成了风。风从中心高压区吹向四周的称为反气旋，相反，风从四周进入中心低压区的称为气旋。气压差越大，风速越大。

◇ 千变万化的云朵

云是大气中水汽凝结成的水滴、冰晶或由它们混合组成的可见悬浮体。云的外形特征千变万化，形成原因各不相同。按形状主要分为两类：一种是积云，主要由水滴组成，但是有时可伴有结晶，它主要是由空气对流上升冷却使水汽发生凝结而形成的。另外一种是层云，层云是在大气稳定的条件下，因夜间强辐射冷却或乱流混合作用，由水汽凝结或雾抬升而成。两种类型的云在空中不同的高度呈现不同的形式。

◇ 南北半球吹着不一样的风

地球上的风主要受热带气团、极地气团和中纬度气团所控制。在极地地区，由于气温低，气流收缩下降，气压高，气流向赤道方向流动；在热带地区，由于赤道地区气温高，气流膨胀上升，高空气压较高，受水平梯度力的影响，气流向极地方向流动；在中纬度地区，赤道来的气流在此地聚积下沉，使该地区地表气压升高。风并不总是由北向南吹的，由于地球自转所形成的地转偏向力在北半球总使空气运动向右偏，在南半球向左偏。

■ 我的第一次探索 ●●●●●

狂野的暴风雨

> 暴风雨天气多发生在夏天，常表现为雷暴，雷暴的持续时间非常短，而产生于热带地区的飓风通常会持续一天以上。

暴风雨天气的成因是相同的——热量和湿气的高度积聚。雷暴是由发展迅猛的积雨云引起闪电、雷鸣现象的局部地区对流性天气。

在夏天晴朗的日子里，太阳的照射可能会激发积雨云的产生，形成雷暴。飓风产生于热带海洋的一个原因是因为温暖的海水是它的动力"燃料"，在热带的海洋上空，因为上层海水比较热，加热了上层的大气，使得大气既温暖又湿润，暖气旋转上升使得水汽凝结就变成了雨滴。

◇ 锋面是怎么回事

在热带和极地之间的地区，以北美洲为例，这些区域的强暴风雨天气都是与低压槽相关联的。低压槽附近是冷暖气流交会的场所，冷暖气流在此相遇后，并不是相互混合，而是相互推入，在两者之间的交界处形成锋，锋面下的天气状况很不稳定。低压可以跨越几百千米，但过境时间通常不到24小时。低压经过以后，首先到达的是暖锋，暖锋过后，紧接着就是冷锋。

↗ 首先到达的是暖锋面，在锋面附近，暖空气爬到冷空气的上面，会带来一段时间持续稳定的降雨。

↗ 暖锋面过后，冷锋面来临。冷锋面往往带来狂风和降水强度极大的暴雨，并伴有电闪雷鸣，具有很大的破坏力。

自然大发现

◇ 电闪雷鸣

雷雨云是对流云发展的成熟阶段，多发生在温暖、潮湿或云层顶端温度较低的环境中，常伴有电闪雷鸣、狂风暴雨的天气。云中水滴在高速气流中做激烈运动，分裂成一些带负电的较大颗粒和带正电的较小颗粒，后者被上升气流携带到高空，前者则聚集在低空云层中，这样正负两种电荷便在云层中被分离，这就是云层带电的原因。当电荷之差达到足够大的程度时，就开始通过闪电的形式释放电荷，闪电从云层底部伸至顶部，或从云层底部伸向地面。

↗ 伴随着电闪雷鸣的雷雨云

◇ 龙卷风，无所不摧

龙卷风是一种伴随着高速旋转的漏斗状云柱的强风旋涡，空气绕龙卷风的轴快速旋转，受龙卷风中心气压极度减小的影响，近地面几十米厚的空气从四面八方被吸入旋涡的底部。龙卷风中心附近风速非常高，风力特别大，在中心附近风速高达400千米/小时，破坏力极强。龙卷风所到之处，会掀翻车辆、摧毁建筑物等，有时还会把人畜卷走，危害十分严重。美国中西部的广阔区域素以"龙卷风道"著称，每年3~7月都会形成多次龙卷风。

◇ 飓风海上来

飓风有时也叫热带气旋、台风，它威力巨大，有时会拔起树木，摧毁房屋。飓风带来的暴雨还会造成水灾。沿海地区甚至可能被时速320千米的飓风掀起的巨浪淹没。飓风形成于水温高于27℃的高温洋面，由于太阳的热量，洋面上的潮湿空气不断蒸腾上升。起初在风暴中心有个低压环，叫做风眼，直径可达数百千米，风力也仅为大风级，而当风眼直径缩至50千米时，风眼周围的风力便达到飓风级，成为飓风。每次形成的飓风都有一个自己的名字，现在气象卫星能够在飓风远离海洋的时候，就跟踪监测到它们，并向人们发出警告预报。

■ 我的第一次探索

天气预报可信吗

如今人们外出,只需收听或观看天气预报,就可以决定是否带雨具。那么,你知道天气预报是怎样产生的?天气预报又是百分百可信的吗?

现代气象学家在全球布置了成千上万个不同的天气观测站点。他们通过国际气象网站、高空气球和气象卫星等途径获取数据资料,并将其输入计算机进行分析,利用气象图绘出冷暖空气交界的锋面图,以此来预测天气形势。尽管如此,天气复杂多变,难以预测。而且,一个地方的天气变化可能会影响到其他地区的天气走势,所以要准确预报天气是很不容易的。气象学家能做的只是尽量精确预报,而不能保证百分百精确。

↗ 天气系统的形成发展和变化能够通过气象卫星探测到,卫星再将各项同步数据传送给计算机,计算机把卫星测量结果转换成温度、压力、湿度和风力等数据,并综合来自雷达、测量船、飞机、浮标等的信息数据,及时准确地作出预报。

◇ 气象卫星显神威

天气系统的形成发展和移动变化能被气象卫星探测到,气象卫星的照片可以显示出飓风的生成过程和它在海洋上空的运动过程。气象卫星还可携带采集数据的仪器设备,而采集到的数据被转换成天气预报需要的温度、压力和湿度等资料。这些资料与其他信息结合起来,以增强天气预报的精准度。

◇ 7年一次的厄尔尼诺

当厄尔尼诺现象发生时,南美海洋中的冷水被暖水取代,这一变化会影响全球的气候状况。卫星照片上显示的红色和白色部分就是暖水形成的暖流,暖流沿着赤道向东运动,黑色部分为陆地,其他颜色是低湿水流,它们环绕在暖流四周。科学家们希望通过分析这些图片,能够找出厄尔尼诺现象与全球气候变化之间的联系。

↘ 1997年厄尔尼诺现象的形成发展示意图

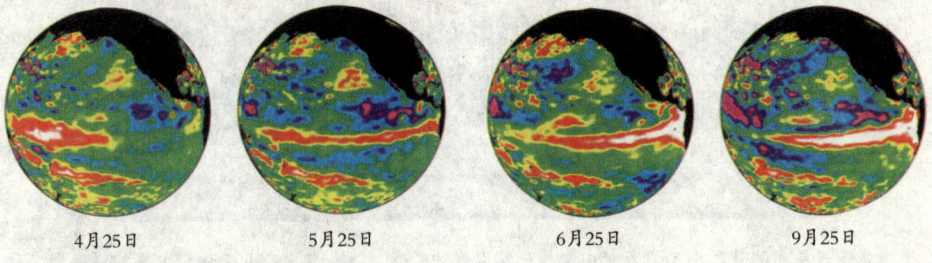

4月25日　　5月25日　　6月25日　　9月25日

冰河期会卷土重来

过去50年来,我们的地球处在不断升温之中。但是气候变化并不是什么新鲜的事物,整个地球的历史,就是生物适应气候变化的历史。

回顾气候史,我们从气候变化留下的大量证据,包括树木年轮的厚度和在极地冰层中获得的古代空气的成分。这些证据显示了地球气候的多变,而且许多重大变化的发生速度比科学家们原来预测的要快得多。比如,地球上曾经发生过多次冰期,最近一次是第四纪冰期。

◇ 2万年前的那次冰河期

2万年前的地球是与现在完全不同的一幅景象。北半球的大部分被无边的冰川覆盖,南至现在的伦敦和纽约,甚至像新几内亚这样的地方,高山上都覆盖着冰川。所以大量的水都封存在冰川之中,因此当时的海平面要比现在低100米。对于植物和动物而言,这种寒冷的环境对它们产生了深远的影响。积极的一面是,那时的陆地面积要比现在大得多,许多现在的海底在那时候都是又高又干的陆地,这样,动植物的传播就更为容易——它们可以在现在被海洋分割开的地方之间迁徙传播。但消极的一面

我的第一次探索

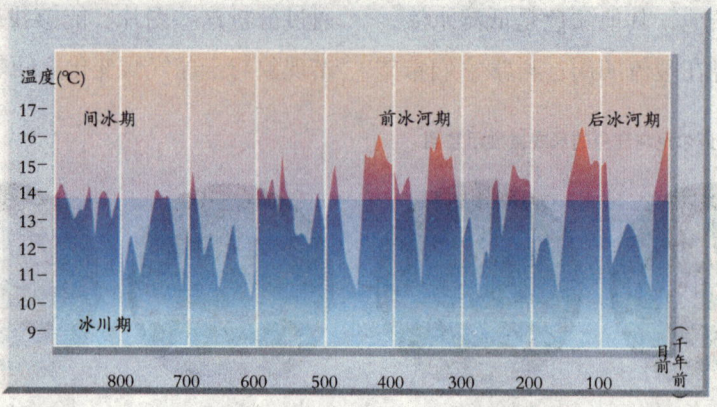

↗ 这张图表显示的是过去100万年中世界平均温度的变化情况。其中有几个比较主要的温暖期，称为间冰期，有些间冰期持续时间比较短，有些则持续很长一段时间。我们现在就生活在间冰期。

是，对于生命而言，这种极端冷酷的环境是个巨大的挑战。为了保暖，冰河期的哺乳动物都有着厚厚的脂肪层和长而粗的毛发。

◇ 在冷与热之间摇摆

这次冰河期不是地球经历的第一次，也不可能是最后一次。科学家们发现：地球的气候是在被称为间冰期的暖期和更为寒冷的时代之间来回摇摆。许多专家认为气候的变化主要是由于地球轨道的变化，但是也涉及其他一些因素，比如火山爆发和大陆板块漂移等。

大陆板块从形成开始就一直处于移动之中。火山活动的热能为这种移动提供了能量，每年的移动速度为几厘米。这种运动非常缓慢，人类无法察觉。不过，经过几百万年的时间，这种移动可以完全改变地球的外貌。由于板块的移动，海洋的形状也处于变化之中。

在气候的变化中，海洋因为存储了来自太阳的热能而扮演着至关重要的角色。大部分的热量被存储在热带海域，再通过温暖的洋流传送到南北半球。但是如果板块的移动阻隔了洋流，南北两端就会开始变冷，这种情况足以触发一次可以持续几十万年的冰河期。

◇ 岁月的变迁

上一次冰河期大约在1万年前结束，地球开始变暖，冰川开始消融。

自然大发现

▼ 极地冰就像世界气候的日记本一样，它能捕获当时的尘埃、花粉和空气。科学家们可以通过深钻冰层获得几千甚至几百万年前的冰芯样本。

从那时起，全球气候就一直相当稳定，不过也并非一成不变。地球平均温度起起落落，降雨量也一直在变化之中。在一些地方，比如撒哈拉沙漠，这些变化带来了一些戏剧性效果：现在的撒哈拉地区是世界上最干燥最贫瘠的地方，但是在5 000年前，撒哈拉地区的气候相当湿润，在那时，大象和羚羊生活在开阔的林地中，河马繁衍在河湖地区。接下来的3 000年间，撒哈拉的气候变得越来越干燥，沙漠开始扩张，动植物的生活范围不断缩小以至于消失。不过并不是全然消亡——在撒哈拉地区的山脉中，气候稍潮湿一些，油橄榄树和淡水鱼就生存了下来。

四季变化的世界

地轴不是垂直的，而是向着太阳以一定角度倾斜的。这个倾斜度很小，却给地球上的生物带来了很大的影响，因为这是四季产生的原因。

在赤道上，中午的太阳几乎是直射的，每天的日照时间基本都是12个小时。但是从赤道向南或者向北，太阳变得越来越低，地球的倾斜带来的影响也就越来越大。在冬季，地轴远离太阳倾斜，因此白天短，气温低；在夏季，地轴靠近太阳倾斜，因此白天长，气温高。在极地附近，天气一直是寒冷的，但夏季白天的时间很长，因为太阳从不降落。

◼ 我的第一次探索 ●●●●

◇ 一年一次大降水

在热带，根本没有冬季，所以动物和植物不用面对真正的寒冷。但是它们需要应付多变的天气，因为季节常在干旱和多雨之间变换。在多雨季节，降雨量可以大得令人难以置信，比如，在印度东北部的乞拉朋齐，有过一月内降雨量达到9米的纪录，这是伦敦一年降水量的15倍还多。但是在极度干旱的时节，像乞拉朋齐这样的地方甚至滴雨不下。

热带植物和动物需要适应这种极端变化的天气。食草动物可以在潮湿季节里吃得饱饱的，因为这时候的植物长得最茂盛。但在干旱季节，生活就变得很难，因为很多植物停止生长，叶子都凋零了。食肉动物和食腐动物刚好相反，在干旱季节比在多雨季节生活得更好，因为它们的猎物由于饥饿或口渴而难以逃脱它们的猎捕。

◇ 这里四季分明

在地球的温带地区，可以将季节分为春季、夏季、秋季和冬季。在春季，白天迅速变长，植物生长旺盛。对于动物来说，这也是个繁忙的季节，几百万候鸟迁徙并开始繁殖后代。到了仲夏，大多数植物停止生长而开始产出种子。秋季是准备的季节，因为白天变得越来越短，气温开始下降。当冬季到来的时候，候鸟已经飞走，大部分树的叶子已经凋零。

温带地区不会太冷或者太热，但是天气总是变幻多端，很难预测——干旱的夏季可能突然出现大量降雨，而温暖的春季常常有霜和雪不期而

↗ 这些在雨中的角马可能看上去很可怜，但是它们正是依靠雨季的大量降水来生存的。如果降水太少，那么就不会有足够的食物供它们食用一年。

↗ 春季，随着白天的变长，这棵英格兰橡树突然开始生长。它的嫩芽猛然张开，长出数千片嫩绿的叶子。

↗ 到了仲夏，橡树叶子开始变成深绿色，并且停止了生长。在叶子中间，橡子开始成形。

↗ 在秋季，叶子的颜色不再是绿色，而且开始掉落。橡子基本成熟——很快它们也将开始掉落在地上。

↗ 在冬季，树叶已经全部凋零，这样它就不会受到寒冷的伤害。橡树将保持这种状态直至第二年春季的来临。

至。动物和植物需要为这些变化做好准备，这样它们才能够在任何一种天气环境下生存下去。很多动植物根据日照时长的变化来决定自己应该生长还是冬眠。与天气不同，日照时长通常是与所处的季节相符的，因此这是确保自己跟上季节节拍的绝好办法。

◇ 半年冬来半年夏

沿着南北极圈，仲夏日太阳不降落，仲冬日太阳不升起。南北极圈之间的地区，春季和秋季变得越来越短，夏季和冬季的区别越来越分明。而在南北极，太阳连续不断地照耀6个月，剩下的6个月便是冬季了。在仲冬，月亮通常也是在地平线以下的，因此唯一的光来自星星。除了应付黑暗和严寒，极地生物还需要忍受极度的强风——在世界上风力最大的地方，也就是南极洲的海岸上，风力可以超过300千米/小时，有时一刮就是好几天。幸运的是，大部分极地动物都生活在海洋中，从而避开了冰冷的狂风。

我的第一次探索

生命时间线（上）

> 如果说整个地球的历史可以浓缩成一天的话，那么，第一个生命符号在第一缕曙光出现之前很早就产生了。不过直到大约晚上9:30才开始出现类似今天存活着的动物。

为了了解地球漫长的历史，科学家将过去分为不同的阶段。最长的阶段被称为"代"，代又分为不同的"纪"，纪有时被分为更短的阶段，称为"世"。生物在这些不同的阶段之间进化，在它们死亡后留下了化石。在下文中，你可以了解从2.45亿年前的古生代末期开始的漫长地球史中生物的进化演变过程。

◇ 最初的生命迹象

地球的这部分历史始于38亿年前——目前发现的最早岩石的年龄。这一时期持续了13亿年，刚超过地球全部历史的1/4。生命出现在太古代早期，最初的生命迹象是目前在37亿年前的岩石中发现的化学物质遗迹。这些化学物质是一些类似于今天的细菌的单细胞微型有机生物体留下的。

◇ 从微生物到第一种动物

元古代一词的英文"Proterozoic"指的是"早期的生命"。在这个时代中，微生物通过收集光能进化。其中

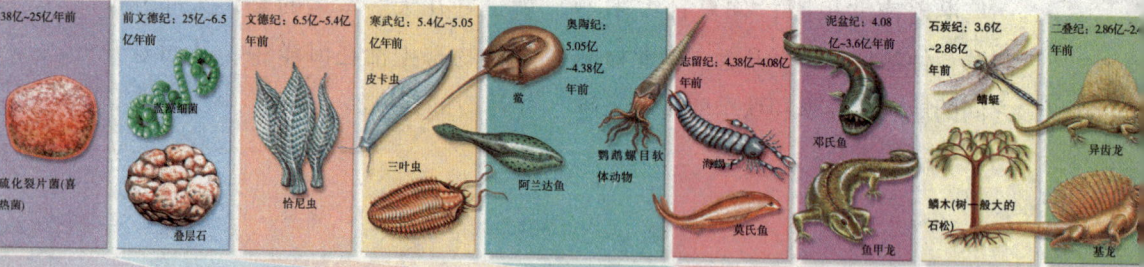

比较著名的是蓝绿藻,它们的后裔一直延续至今。蓝藻细菌主要生活在浅滩海域中,有些形成了称为叠层石的大面积堆积物,在元古代的岩石中留有化石。

大约在10亿年前,生命向前迈进了一大步,出现了第一种动物。起初,它们非常微小,但是相较于早期的生命形式却更为复杂,因为它们体内存在许多细胞。到了元古代末期的文德纪,动物开始多样化,这些早期的动物包括一种生活在海底的一簇羽毛状的恰尼虫。

◇ 曾经那么繁荣

古生代的英文"Paleozoic"指的是"古代的生命"。古生代共分为六个纪。第一个称为寒武纪,是地球历史中非同寻常的一个阶段。在这一阶段中,动物开始进化出壳和其他坚硬的身体部分,这场生物学革命创造出了许多新生命形式。这些动物包括三叶虫及其他节肢动物、软体动物和皮卡虫之类的早期脊索动物。脊索动物体内有一根坚固的主干,它们是包括人类在内的所有脊椎动物的祖先。

海洋生物在奥陶纪继续扩张。其中最大的一些动物包括鹦鹉螺——这种软体动物与现在的章鱼和乌贼有关联。奥陶纪末期,鲎(hòu)及其他节肢动物非常常见,一些动物开始踏出了它们迈向陆地的第一步。

志留纪的海蝎子是超过3米长的庞然大物。莫氏鱼等鱼类在志留纪也比较常见。早期的鱼类没有颌,在志留纪中,鱼类进化出了带关节的颌,这就使它们异于早期鱼类,能将食物咬碎。

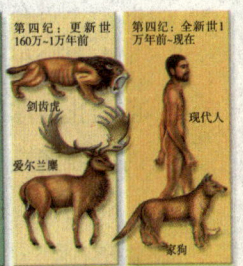

■ 我的第一次探索

到了泥盆纪，鱼类成了最大的海洋动物。4米长的邓氏鱼有着板状的牙齿，可以将食物一撕为二。然而，这一阶段的陆地上，生命有着更为多彩的发展——从鱼类进化而来的有四肢的两栖动物——鱼甲龙是最早习惯脱离了海洋环境的生物之一。

石炭纪中，无边无际的森林中出现了最原始的飞行昆虫，包括蟑螂和巨大的蜻蜓。最早的爬行动物也始于此时。到了二叠纪，它们就成了陆地主宰。异齿龙和基龙是体型最为庞大的爬行动物，两者背上都有"帆"，可以用于调节体温。二叠纪晚期还出现了大量的兽孔目动物，这些类似爬行类的动物是哺乳动物的祖先。但最终这些动物以大量死亡并灭绝而告终。

生命时间线（下）

在过去的2.45亿年中，动植物留下了一个巨大的化石宝库。包括爬行动物时代那些令人惊叹的遗迹和早期原始人类——最终演变为人类的人猿——留下的化石。

如果说整个地球的历史被压缩为一天的话，这里显示的仅仅约一小时。不过在这一阶段，地球上进化出了大量的生物，包括开花植物和到目前为止地球历史上最大的动物。这段时间线涵盖了两个地质时代：结束于6 600万年前的中生代和延续至今的新生代。

◇ 爬行动物时代

中生代又被称为"爬行动物时代"。这个时代也存在许多其他生物，但是爬行动物成为海洋、空中和陆地上的最大主宰。科学家们将中生代分为三个纪。第一个叫做三叠纪。三叠纪之前就是发生了一场灾难，并导致地球上3/4的物种灭绝的二叠纪。

在三叠纪开始时，大部分陆地都是相连在一个称为"泛大陆"的超级大陆之上，气候温暖，树蕨、针叶树和苏铁科植物是比较常见的植物。三叠纪的爬行动物包括一些早期滑翔脊椎动物。进化也产生出了一些奇怪的动物，比如长颈龙，它们可以在岸上利用它们超长的脖子捕鱼。

恐龙的进化在三叠纪进入了末期，不过侏罗纪标志着它们统治的最高峰。由于气候变得更为潮湿，有些以植物为食的物种的体积达到了令人难以置信的地步，这些食草动物同样成了体积巨大的食肉动物的捕猎对象。跃龙就属于这些食肉动物，体重可以达到3吨。鸟类由带羽恐龙进化而来，最早可以追溯到侏罗纪时代。

白垩纪出现的开花植物引发了大量昆虫的进化。飞行的爬行动物——翼龙，通过皮质的翅膀在空中翱翔。其中一种称为羽蛇神翼龙，翼展可达12米，是最大的飞行动物。在恐龙中，小型的猎手有速龙，当时最庞大的陆地食肉动物则是霸王龙。但在6 600万年前，地球被一颗巨大的流星撞击，使爬行动物时代遭到了灾难性的终结。

◇ **哺乳动物时代**

新生代约开始于6 700前，延续至今。新生代时地球的面貌逐渐接近现代，植被带分化日趋明显。

↗ 新生代开始时，繁盛的裸子植物迅速衰退，为被子植物所取代。

我的第一次探索

在这一时代中，生命从白垩纪的大量灭亡中逐渐恢复了过来。哺乳动物开始填补爬行动物退出留下的空白，使新生代成功演进为哺乳动物的时代。

最原始的哺乳动物以昆虫和其他小动物为食，到了第三纪进化出了大型的食草动物。第三纪早期，各种草本植物得到了很好的发展，使得一些哺乳动物可以适应在草原和热带稀树草原上的群集生活方式，这些动物包括今天的马类和其他一些大型动物如雷兽以及原始象的祖先。鸟类也得益于恐龙的消失。体形较大且不会飞的不飞鸟成了当时的食肉动物，巨大的钩状喙可以将猎物撕成碎块。在第三纪末期，非洲出现了被称为南方古猿的原始灵长动物，其中一种类人猿动物成了我们人类的直接祖先。

第四纪早期，气候变冷，开始了较长一段时间的冰河期。哺乳动物适应了这些变化，有些高度特化的物种开始形成，其中包括剑齿虎，它们可以用长达18厘米的锯齿状牙齿杀死猎物。人类最早出现在大约50万年前。最初，人类依靠采集野生食物和打猎为生，到了冰河期末期，也就是1万年前，人类开始驯养猎物和种植植物。从那个时候起，我们人类这个物种就改变了这个世界。

全新世开始时，人类进入农业文明时期，对自然的影响日趋扩大，进入工业文明以后，更是改变了整个地球的面貌，由人类活动造成的生物灭绝和生态系统的破坏，比以往任何时期都严重。

生生不息：生命的起源与繁衍

SHENGSHENGBUXI SHENGMING DE QIYUAN YU FANYAN

我的第一次探索 ●●●●

百万物种的家园（上）

> 在过去的37亿年中，生物遍布了整个地球。它们的家——生物圈，环绕着整个地球。

地球的直径大约是12 000多千米，但是生物圈从顶部到底部不过25千米。如果地球是足球一样大小，那么生物圈的厚度不会超过一张纸。但正是在这个圈中，包括了地球上的所有生物——从最高的树、最庞大的动物，直到最小的微生物。

◇ 生命出现在2万米高空

如果从宇宙开始向地球探测，那么最先发现生命的地方是在离地面2万米的高空。没有一种生命会在这个高度度过其整个一生，但是微生物、孢子和花粉却常被风带到这里。一旦它们被带到这里，就需要好几天甚至好几个星期的时间才能落回地面。

在海拔1 000米的地方，开始出现飞行生物。生物圈的这一部分是昆虫和鸟类的家，天空是它们的交通要道。鸟类是飞行生物中的强者，但是昆虫在数量上超过鸟类很多倍——一群蝗虫可能就含有7万吨的虫体，扇动着几十亿张薄膜般的翅膀。

◇ 越离赤道越稀罕

探测向陆面方向继续推进，几乎立即就能发现生命的存在。事实上，在生物圈的有些部分活跃着大量生命，根本无须等到探测到地面。在赤道附近，树木在明亮的阳光、大量的雨水和整年的高温条件下长势旺盛，结果便形成了茂密的热带丛林，是地球上最为肥沃的动植物生活地之一。

逐渐远离赤道，生物圈内变得越来越不拥挤，居住环境也渐渐发生变化。根据地球的气候类型，从热带雨林过渡到灌木地，之后过渡为沙漠。在沙漠地区，特别是年降水量少于5厘米的地区，分布的生命数量很少。进一步向南和向北推进，在地球的温带地区，气候比较湿润，在生物圈的这一部分，生长了大量的动物和植物——虽然在物种数量上比在温度更高地区要少。

在极地和高山，强风和严寒使得生命很难存活。干旱也使得生存更为艰难，比如在南极洲的"干谷"中，已经有100多万年没有下过雨或者雪了。这些荒凉的地方是生物圈中生命最为稀少的地方，也是地球上最接近火星表面环境的地方。

◇ 地下2 000米处的生命

生物圈并不止于地面，相反，它在地下仍得以继续。肥沃的泥土中有大量帮助生物遗体残骸循环的动物、真菌和微生物。生物也大量存在于洞穴中，一些细菌生存在充满水的很深的地下岩缝中，实验钻在地下2 000米的地方发现这些细菌，而有些专家认为生命还可以存在于更深的地下。

1. 蚯蚓生活在土壤中，它们可以帮助植物遗体的再循环。土壤是陆地上生物圈的重要组成部分，因为大量的植物需要在土壤中生长。
2. 在沙漠中，有些植物只有在下过雨后才会活过来。而有些植物则是通过在它们的根或者茎中储存水分存活下来。
3. 在山里，黄嘴乌鸦生活在海拔6 000多米的地方。鸟类擅长在海拔较高的地方生存，因为它们有羽毛可以帮助保持温暖。
4. 花粉来自花朵。它们又小又轻，有些外形特殊，并能借助空气飘到较远的地方。
5. 温带丛林分布在地球上气温不会变得太高或者太低的地区。这些树的大部分都会在秋季落叶，然后在第二年春天长出新的叶子。
6. 草原是陆地上大型群居哺乳动物的生活地。最大的草原分布在地球的温暖地带。
7. 生活在土壤中的变形虫吃其他微生物以及一些体型较大的生物的残骸。

↘ 这张地表图显示了生物圈的一个片断以及生活在陆地上不同环境下的生物。

我的第一次探索

百万物种的家园（下）

> 生命的起源一直是科学家们研究的课题，从现在的研究成果看，普遍认为生命起源于海洋。

如果你在世界地图上随意一点，点到海洋的概率几乎是点到陆地的两倍。海洋占据了生物圈很大的一部分，而几乎在海洋的各个角落，从海面到10千米深的水域，都能发现生命的存在。

◇ 海洋生物活跃在大陆边缘

地球上所有的海岸线加起来至少有50万千米长。在有些海岸，岩石会突然变得很陡峭，因此即使在离海岸很近的水域也会有几千米的深度。而在有些地方，比如在澳大利亚和新几内亚之间中段的海床只有70米深。这些浅水水域是由大陆架——向海洋伸出的巨大的在水面以下的大陆边缘——构成的。大陆架仅仅占据了海洋面积的很小部分，却是很重要的生物栖息地。海底居住的鱼类以生活在海床上的生物为食，这使得大陆架成为世界上最为丰产的渔场。热带珊瑚礁中甚至生活着更多的生物。这些都是生物圈中生物最为活跃的部分。

◇ 给海洋分层

虽然海水处于不停地流动状态，但也还是可以划出界线的，比如可以划出水表光照区和底层永久黑暗区。另一种界线可以划分出温跃层，即随着潜水深度的增加，水温陡然降低的区域。这两种界线距海面都不深，而且还常常是重合的。这样，它们可以一起把海洋分成两层。

上一层只占据地球上咸水量的2%，但所有需要日光才能生存的水生生物都生活在这里。在生物圈的这个重要部分，微生藻类利用阳光进行光合作用，从而得以生长。而在漆黑的深海中，生活着所有不需要光便能生存的生物，在这里，动物生活在一个高压且常年寒冷的环境中。唯一温暖的地方就是热液喷口，那里源源不断地涌出高温液体。

自然大发现

◇ 深入到海底

处于海洋中部深度的一些区域是生物圈中最为"空荡"的部分。然而，在非常深的水域中，反而有很多生物生活在海床上。这是因为来自上层水域的很多残骸最后都沉淀下来。这些残骸形成了有黏性的海洋沉积物，也为海洋生物带来了更为丰富多样的食物，水生动物便在其中进进出出努力寻找食物。

1. 离海岸较远的岛屿常常会有独特的陆生植物和动物，而在其周边海域中也常会有一些特别的野生动植物。
2. 海洋表面繁衍着大量的微生藻类，以及以这些藻类为食的动物。两者构成了浮游生物——随着水流漂流的很大一个生物群落。
3. 岩石海岸线，尤其是可以阻挡捕食者的有陡峭悬崖的区域，是海鸟和海洋哺乳动物的重要繁殖地。
4. 珊瑚礁常在浅海区，深度在200米以内的、干净温暖的水域中。地球上很多种类的鱼都生活在珊瑚礁中。
5. 有些海床上生活着大量的海蛇尾，这类动物用它们纤细的手臂获取食物。
6. 细菌生活在热液喷口周围以及海底以下很深的含水裂缝中。

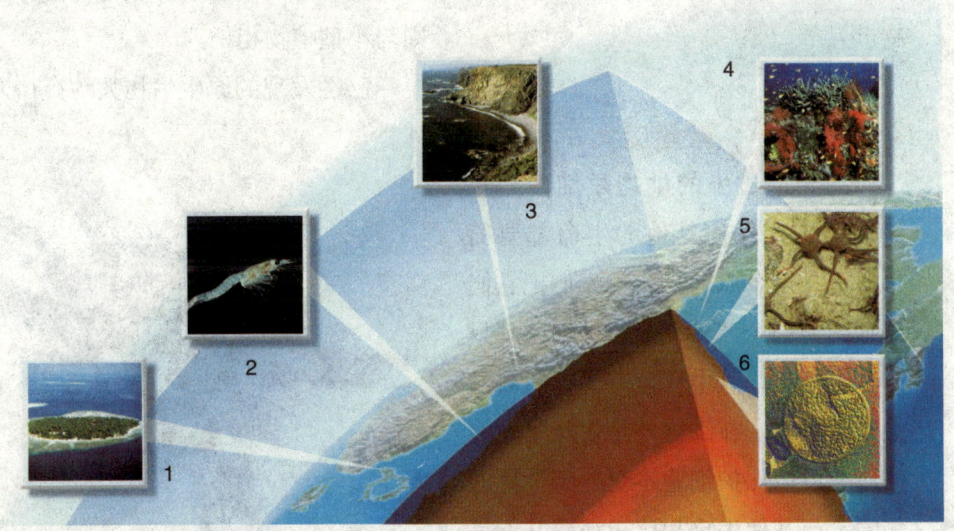

↗ 这张生物圈图显示了海洋生活环境以及居住在其中的一些生物。地球的火山热量不断地创造和毁坏海洋板块，因此海洋处于不断的变化当中。大约2.5亿年前，地球上只有一个海洋，但是其面积等于现今所有海洋的面积之和。

我的第一次探索

生物的分"界"

> 为了了解自然界,科学家们将生物世界划分成不同的群体。最小的群体是"种",最大的则被称为"界"。

在科学发展的早期,大多数自然学家认为所有生物不是动物就是植物。但是,当微生物被发现后,我们知道,生命世界其实要丰富得多,单是划分成两个"界"是不够的。后来,"界"的数量增加到5个。但是,这可能还不能穷尽整个生物世界。

◇ **身材小小,数量庞大**

世界上最小的生物是细菌,它们的结构比任何其他的生命都要简单,正是这个原因,科学家们把它们单独列为一个"界"。每种细菌都只有一个细胞,其中仅含有生存所需的最基本物质,在细胞外是一层坚硬的物质,可以保护细胞不受外部世界的伤害。与其他生物相比,细菌并不是那么多种多样的,但是它们的数量很大,远远超过地球上所有其他生物数量之和。另一个"界"涵盖了原生生物,也包括微小的生命,此外还包括一些可以用肉眼看得到的体型较大的种类。与细菌一样,大多数原生生物也只有一个细胞,但是它们的构造上相对要复杂得多,其中含有各种不同的"工作部门",就像人类的身体一样。原生生物通常生活在水中,有些种类的举止与微型动物相仿,而有些则与小型植物相仿。

已经发现的原生生物大约有10万

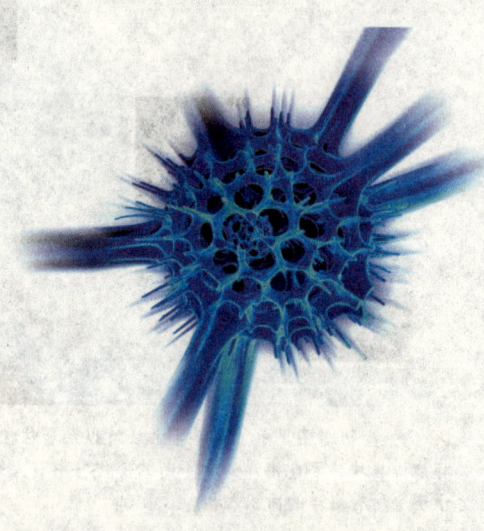

↗ 放大了600多倍后看到的这个复杂物体是放射虫的骨骼。放射虫是一种生活在海洋中的原生物,它们使用黏性丝线来捕捉微型的猎物。

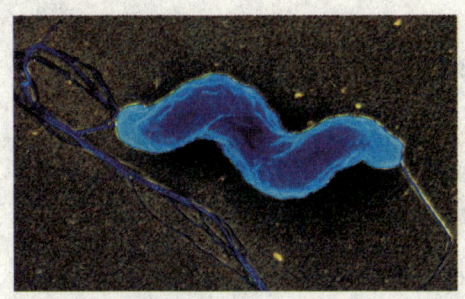

↗ 很多细菌都是将自己固定在同一个地方度过一生的，但是有些也可以滑行和游泳。这个螺旋形的泳者是一种弯曲杆菌——一种可以导致人类食物中毒的细菌。

多种，它们的种类如此之多，以至一些科学家认为，可以将之区分成不同的界而不是仅仅归入同一个界中。

◇ **真菌植物大不同**

接下来的两个"界"包括真菌界和植物界，这两个界之间有很多相像之处。它们大多从地上开始发芽，然后通过孢子或者种子传播。但事实上，真菌和植物是完全不同的两种生物，真菌是通过分解其周围的物质来获取生存所需的养分的，而植物则完全不需要食物——直接通过叶子吸收阳光来获取能量。科学家们已经发现了10万多种真菌，而植物则至少有40万个不同的种类。

◇ **生物圈中的主角**

5个界中的最后一个是动物界，这是一个种类繁多、生活方式各异的生物群体。像植物一样，动物也是多细胞生物，但是需要食物来存活。动物的食谱几乎像它们自身的种类那样丰富，很多动物以植物或其他动物为食，但是动物界中也包括一些食腐动物，它们以自然界中的残骸和遗体为食。很多生物不能动，但是动物可以比其他生物动得更快更远。一些动物几乎在同一个地方度过一生，但是有些则需要不停地迁徙来寻找食物，它们利用各种令人眼花缭乱的身体部位，包括强壮的吸管、有关节的腿以及长满羽毛的翅膀，在地球上的各个栖息地上爬行、奔跑、游泳或者飞行。迄今为止发现的动物大约有200万种。很多科学家认为，动物的实际总数可能是已知数量的5倍甚至10倍之多。

↗ 两只假眼使得这只飞蛾幼虫看上去很危险。这种伎俩在动物世界很常见，很多都是借此来避免成为其他动物的美食。

■ 我的第一次探索

微乎其微，微生物

> 地球上99%以上的生物都是肉眼看不见的，这些生物组成了拥挤而纷乱的微生物世界。

人类肉眼可以看到的最小事物的直径至少为0.2毫米（大约是人类头发的1/5粗细），这可能对于我们来说已经够小了，但实际上很多生物比这要大得多。这些小型的生命形式被称为微生物。有些微生物只有粉尘那么大小，而有些微生物则只有经过放大几千倍以上后才能被看见。但是，"小"并不意味着简单，微生物中包括了一些拥有惊人复杂结构的种类，也是地球上最基础的生物。

◇ **病毒是生物吗**

在生物世界中，到处都生活着微生物，而体型微小通常是它们唯一的共同点，细菌是其中最小而数量最大的群体，随后的便是体型较大一些的、单细胞的原生物。微生物世界还包括微小的真菌，以及几千种微小的动物和植物。

虽然通常说细菌是体型最微小的生物，但事实上还有比其更加微小的事物也表现出生命的特性，这就是病毒——通过攻击活细胞来存活的化学物质团。但与其他微生物不同的是，病毒不能生长也不能繁殖，除非进入一个合适的寄主细胞中。正因如此（当然也有其他的一些原因），大部分科学家都不将它们作为完全的有生命的生物来对待。

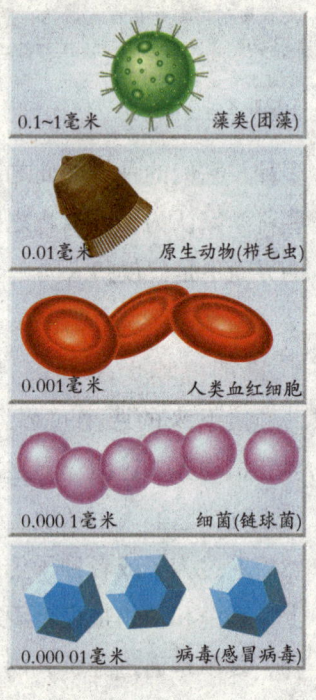

↗ 本图表显示的是一些微生物和其他一些活的细胞的平均大小。从上往下，每一种的大小都是其下一种的10倍。团藻是可以用肉眼看见的。

0.1~1毫米　藻类（团藻）
0.01毫米　原生动物（栉毛虫）
0.001毫米　人类血红细胞
0.000 1毫米　细菌（链球菌）
0.000 01毫米　病毒（感冒病毒）

自然大发现

◇ 大小的问题

提到大小问题，不同的微生物常常出现一些重合的现象，比如轮虫这种世界上最小的动物虽然有着复杂的身体构造以及很多可以移动的身体部位，但仍然要比最大的细菌小得多。轮虫生活在淡水和海洋中，如果要铺满这一页的纸面，至少需要5 000多只这样的小虫。

另一方面，有些原生动物（像动物一样的原生生物）体型是如此之大，以至于它们根本不适合被称为微生物。如今还生存着的大型原生动物中有一种水生变形虫，可以用肉眼很容易地看出来。但是，这种变形虫也不是最大记录，因为在几百万年前，一些单细胞原生生物可以长到像柚子那么大。

◇ 无处不在的微生物

体型微小的一大优势是：可以生活的栖息地几乎无处不在。不管是多么遥远或者多么难以企及的地方，都难不倒微生物。在人类周围，它们也无处不在。不过，大多数微生物生活在水中或者潮湿的地方。它们最喜欢的生活环境之一是泥土，尤其是那些含有大量动植物尸体的泥土。其他栖息地还包括较大体型生物潮湿的体

↗ 就像是太空火箭上的蚂蚁，几百个细菌粘附在这个擀面杖上。像这样的细菌总是以人类留下的甜食碎片为生。

表和体内。就动物而言，微生物喜欢的环境包括皮肤、嘴和牙齿，以及整个消化道——吸收水分和消化食物的管道。

对于动物来说，很多微生物都是无害的，有些甚至是有益的。当动物的健康状况处于良好状态时，居住在动物体表或者体内的细菌被合称为"微生物菌丛"。但是微生物中也包括那些对生物有害，以生物为食的种类，这些侵略者通常是病原体，它们通常会导致疾病的产生。几百万年来，动物进化出了抵抗这些微小侵略者的特殊防护能力，如果没有这些能力，动物很快就会被全线击溃。

■ 我的第一次探索 ●●●●

◇ **想动就动，想停就停**

对于微生物来说，它们所居住的世界与我们人类所居住的世界是大不相同的，比如，重力对于它们来说基本是没有任何影响的，因为它们的体重那么小，基本不受地球引力的作用。

如果一个微生物动起来，它几乎可以直接达到最大速度，而当需要时，它完全可以做到立即停止。在陆地上，微生物有时会被吹到空气中去，由于它们是如此之轻，所以通常要经过几天甚至几个星期才能回到地面上。上述情况也意味着很难确保一个地方完全不存在微生物。在的确需要清除微生物的地方，比如手术室，空气通常保持低压状态，防止微生物随气流漂进去。

◇ **几百万年的冬眠者**

微生物从来不安家，因为它们那么小，没有什么可以将之与外部世界明确地隔离开来。然而，很多微生物有一套有效的生命体征来帮助自己在世界上生存下去。它们常常通过自我"关闭"来度过艰难的时期，而且这个"关闭期"可以长达好几个月。有些微生动物可以保持睡眠状态10年甚至更久，而细菌在这方面则更为擅长：在适当的条件下，它们的冬眠孢子可以存活几百万年之久——比整个人类的历史都要长。

细菌，没你想的那么坏

单以坚韧和耐力而言，细菌可以打败其他一切生物。

细菌可以在你想到的任何地方，包括温泉、深海泥和人类牙齿表面等地方生存。在适合的环境下，它们的繁殖速度超过其他所有生物。由于有些细菌可以导致疾病的发生，因而背负着恶名。但是如果细菌突然全部消失，大多数生物，包括人类自身，都很难存活。这是因为细菌是自然再循环的主要作用者。许多细菌以动植物尸体为生，越是温暖，它们工作的效率就越高。当它们分解食物后，释放出来的营养物质就是其他生

自然大发现

↘ 单个细菌是极其微小的，不过肉眼可以发现菌落。这个皮氏培养皿中的薄薄的营养物质——冻胶——上包含着许多菌落。

↘ 这些梭状芽孢杆菌通常情况下存在于土壤中，是无害的，然而，一旦它们进入人体，会置人于死地。因为这种细菌会释放出一种目前已知的最强劲的神经毒剂。

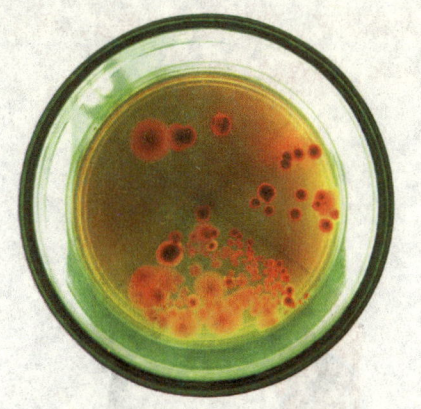

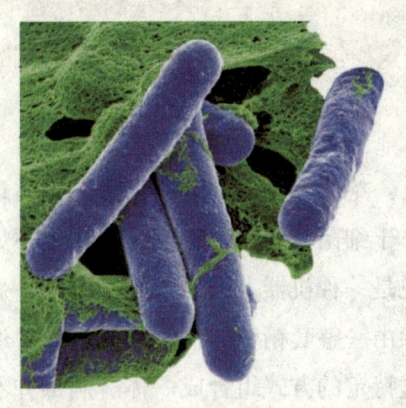

物所必需的。

◇ 这个速度也太快了

细菌是极其微小的生物，也是地球上最为古老的生命形式。每个细菌都由一个单细胞组成，通常呈圆形、杆形或者螺旋形。细胞外围有一层坚固的壁，表面是一种胶或者黏性的毛，可以帮助细胞固定在某处。大部分细菌通过简单的分裂成两半进行繁殖，最快速度下，通常在几分钟内，单个细菌就可以分裂成百万个之多。

◇ 谋生手段多种多样

和其他生命形式相比，细菌的生活方式有些不同：一些细菌通过阳光获得能量；另外一些则依靠岩石中的化学物质存活——地球上原始时期生命的一种存活方式。但是，绝大部分的细菌都是从无机质中吸取养分而存活，这些无机质包括从动物尸体到残留食物的任何物质。致病细菌有些不同，它们侵入活体生物，这种入侵被称为"感染"，通常会致病。

■ 我的第一次探索 ●●●●

越简单越可怕

> 病毒是有生命特征的最小生物。比起细菌来,它们要简单得多,而且只能依靠其他生物存活。病毒传播能力极强,很难被控制。

绝大多数病毒在体型上要远远小于细菌,与其说它们是生物更不如说是一种机器。因为与细胞不同,病毒由一整套精密的化学成分组成,通过特定的方式组合成一体。病毒并不需要进食,而且也不能自我繁殖,它们"劫持"活细胞并强迫细胞复制病毒。病毒攻击所有的"主人",包括细菌、植物和动物,而且许多病毒都会致病。

◇ 入侵,入侵

病毒的构造类似一个容器,只不过它们并不存放普通物质。病毒内部是基因的组合——构成生物体并使其正常运作的一系列化学指令。通常,病毒的基因是关着的,但是当病毒接触到正选细胞时,它们就会迅速转变。

首先,病毒会将其基因植入细胞,留下空病毒"容器"本身。然后,病毒基因就被接通了,并且开始控制细胞。在几分钟之内,寄主细胞

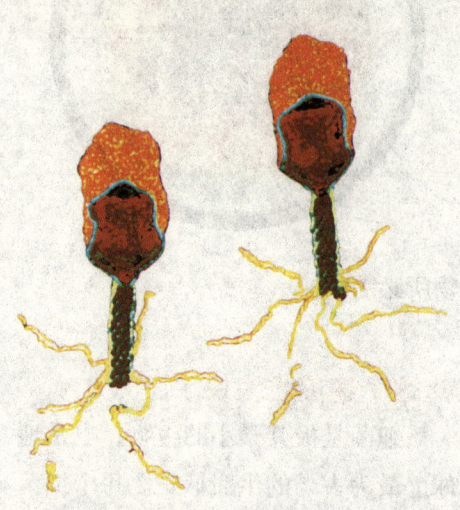

↗ 这些奇形怪状的病毒是噬菌体,是攻击细菌的病毒。它们可以帮助抑制细菌。

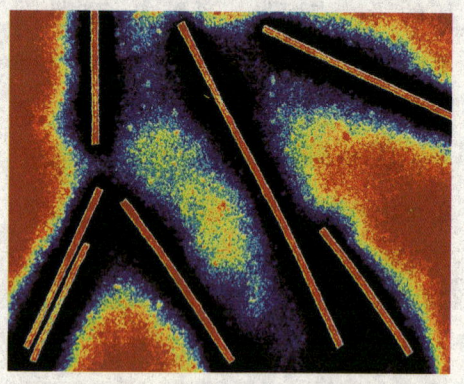

↗ 烟草花叶病毒(TMV)看起来像一根根纤细的棒条,每条都含有一圈蛋白质分子,可以使基因避免从内部耗尽。

自然大发现

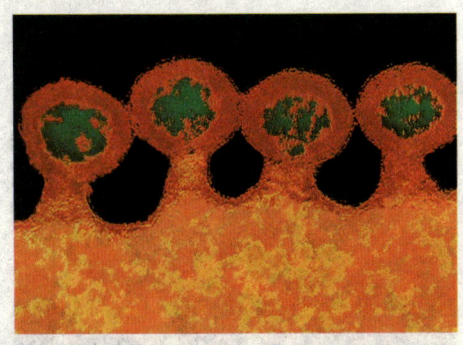

↗ 艾滋病病毒看起来像一排蘑菇，它们即将从寄主细胞中逃脱出来。艾滋病病毒会导致艾滋病的发生，这种疾病从20世纪80年代开始已经横扫了人类世界。

行"。有些通过接触传播，还有一部分，比如流感病毒就通过人类的咳嗽或者打喷嚏传播。

◇ **有些病毒真可恶**

病毒是不可能避免的，大部分生物每天都会受到病毒的攻击。幸运的是，大多数病毒只造成很小的危害，但也有一些病毒可以造成重大疾病的发生——就人类而言，包括黄热病和艾滋病。究竟病毒是从何而来的，人们并不清楚。一种理论认为病毒是从活体生物中逃脱的"背叛"基因，并开发出了它们自己的"生活方式"。

停止其正常工作，开始聚集病毒。一旦这一过程完成，细胞就会破裂，使新产生的病毒得以逃出。病毒不能移动，所以它们需要依靠外援来"旅

瞧！这些单细胞贪吃者

尽管体型很小，原生动物却包括了世界上最贪婪的肉食者。大多数原生动物生活在水中，但也有一些存在于其他生物体内。

在显微镜下观察，原生动物常常看起来像一种处于危险的高速运行中的只有几分钟生命的动物。它们许多都会绕开障碍物并远离危险，之后再迅速集合在可能发现食物的地点。原生动物并不是动物，它们没有眼睛、嘴巴甚至没有大脑，是一种真核单细胞微生物，只有一个细胞。和藻类不同，原生动物需要进食，它们通过不同方式获得食物。许多原生动物都是积极的掠食者，另外一些则待在一处不动、依靠漂流到其附近的任何可食用物质为生。

有些原生动物寄生于比它们大得

我的第一次探索

多的生物体内，不过好在仅有少数会致病。

◇ 无时无刻不在动

原生动物体型过小，没有四肢，但即便如此，它们仍然十分擅长四处活动。阿米巴虫通过变化体型移动，这种能力对于穿过狭窄的缝隙（比如土壤颗粒之间的缺口）而言，尤其有用。

当阿米巴虫追踪到猎物时，会将其包围并吞噬，整个过程就像猎物被一个有生命的果冻给吞咽掉了。即

在这场致命的战斗中，一种称为栉毛虫（图中上部分）的掠食原生动物（褐色物体）向其最喜爱的食物——草履虫（青绿色物体）发起进攻。栉毛虫可以将自身拉伸成一个气球的形状，从而将大于其体型的猎物吞咽下去。

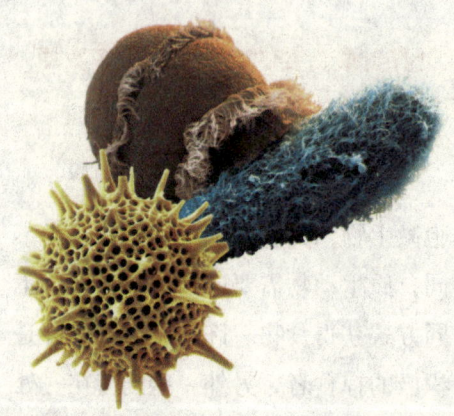

放射虫（图中下部分）是一种生活在海洋中的原生动物，它们的骨骼类似于一个多刺的雕塑。活的放射虫会从骨骼中伸出胶冻状的细丝，捕捉附近的漂流微生物。

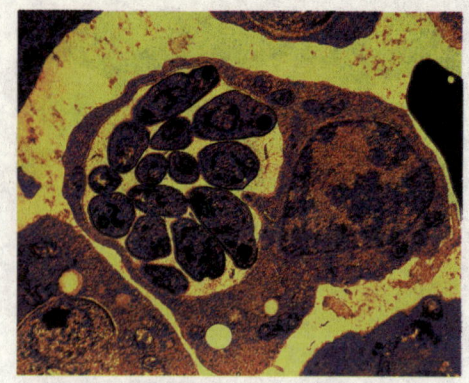

这张照片显示的是人体血红细胞内的一窝疟疾寄生虫，这些寄生虫通过蚊子传播——蚊虫在吸血时，将这些寄生虫带入动物体内。

便阿米巴虫用尽全力，其时速也不会超过2厘米。但是，在池塘和湖泊中的有些原生动物的移动速度是阿米巴虫的三四十倍，其中最快的是草履虫——一种拖鞋状的生物，表面覆盖有丝状"皮毛"。与真皮毛不同的是，草履虫的这些皮毛被称为纤毛，可以活动，划水前行。事实上，草履虫的移动速度相当快，以至于在显微镜下很难看到——除非将水增稠，从而减缓其移动速度。

◇ 寄生也会有风险啊

大多数原生动物生活在海洋里或者陆地上有水的环境中，它们通常是食物链中极其重要一环的浮游生物的组成部分。还有一些原生动物的居住环境比较特殊——食草动物的肠内，

在这里，它们帮助它们的主人分解食物。在后一种情况下，原生动物的数量是惊人的，比如一头大象体内就有几十亿个原生动物生活在其巨大的肠道内。

生活在生物体内有许多有利因素——原生动物可以获得连续不断的食物供应以及安全而温暖的环境。不过它们也面临一个大难题：就像河中之水一样，它们的食物处于不断移动之中，最终原生动物就在"下游"被冲走。它们许多都以被主人消化而告终，还有一些则安然无恙地离开了生物体。

◇ **小心这些家伙**

原生动物伙伴对于动物而言是有益的，但是寄生类原生动物就不那么受欢迎了。寄生类原生动物经常游到动物的饮用水中，或者通过昆虫叮咬，被"注射"入动物体内。几乎所有的野生动物都受到原生动物寄生虫的影响，但值得庆幸的是，许多只是带来一般的危害。

不过也有一些危险品种，比如引起疟疾这种严重疾病的原生动物寄生虫能影响人类和许多其他的哺乳动物，还会危及爬行动物和鸟类。

小小藻类，作用大

只要有水和阳光的地方，藻类就可以安家。这些微小的植物也许不起眼，但其数量多到有时甚至可以从很高的上空看到它们的身影。

大部分藻类都是陆地水系中的绿色小植物，它们比真正的植物要简单得多，但是其根本的工作原理却是相同的——都是只能通过吸收光才能存活。尽管个头很小，但是藻类对于水中的许多生命而言却是至关重要的，因为它们能制造出许许多多动物依赖的食物。

◇ **变绿**

远在真正的植物出现在地球之前，藻类就已经占据了河流、湖泊和海洋。今天，它们在许多人造栖息地比如池塘、沟渠和充满雨水的瓶子里依然繁荣，在理想条件下，它们可以快速繁殖，将水变成亮绿色。

藻类属于原生生物，许多种类都

■ 我的第一次探索

只有一个细胞。但是，不同于原生动物，藻类细胞通常都会集结在一起以一个"群"的方式生活。一个藻群就像一个微型的太空站，但肉眼看上去也只不过像大量缩小的硬币或者是缠在一起的黏性卷毛。

◇ 大藻里面有小藻

藻类不会开花，也没有任何一种藻类有种子，小藻通常分裂成两半来繁殖。这种繁育技术既快速又高效，可以在一定时间内迅速增多。藻类在春天分裂繁殖最为迅猛，那时光照比较充足，光照时间也比较长。结果就使鱼类和其他动物获得了额外的几百万吨食物。

藻类的体型越大，其包含的细胞就越多，分裂繁殖的困难也就加大了。为了解决这个问题，体型较大的藻类通过孢子来繁殖。孢子类似种子，但个头小得多，它们可以随水漂流或通过空气到达遥远的地方。一种叫做团藻的浮球型藻像一个飘浮的育儿室，含有很多小团藻，它们可以在大团藻内部游动，直到它们准备出来独自生活。

◇ 哈，藻也会游泳

藻类也许结构简单，但是它们有一种卓越的天赋——游泳。

许多藻类都会游泳。这些微型移动者和原生动物一样，都是通过滑动纤毛，拨水前行的。由于体型较小，它们很难游得很远，但它们可以将自己带到阳光最为明亮的地方——强光意味着更多的能量，这种简单的生理反射帮助藻类大量繁殖。

许多藻类也有内置式的浮动装置，通常是微小的油气泡，这些浮动装置能使藻类漂向水面——最佳的沐浴阳光的地方。这些水体表面的漂流者组成的浮游植物群落成为原生动物的"营养汤"和动物的大餐。

↗ 团藻是一种生活在池塘中的淡水藻，形状类似一个凹陷的球，含有许多细胞，内部还有许多小团藻后代。团藻最终会破裂，里面的小团藻就会被释放出来。

自然大发现

↗ 许多硅藻都是扁平的，但是这种叫做马鞍藻的硅藻却是螺旋状的。在海洋中的某些地方，死去的硅藻可以形成几米厚的软泥。

◇ 在"盒子"中生活

多数藻类都有坚硬的细胞壁，不过有的还有"盒子"保护着，这些"盒子"极小，但是包含了一些微观世界中最为复杂和美丽的物体。一种称为硅藻的藻类能将"盒子"平分，一半紧贴着另外一半，就像一个有搭扣盖子的"盒子"一样。硅藻从硅石中提取材料合成盒子，硅石这种材料也被用于制造玻璃。不过，和熔化并浇铸成硅石模不同，硅藻是自己生长成型的。硅藻从它们周边的水中吸收硅石，它们的收集能力是相当惊人的，有时候，水中硅的含量不到百万分之一，但是硅藻还是能成功地收集到。

◇ 海洋中的巨藻

海藻的世界也包括一些不是微型生物的种类，这些海藻看起来像植物。和真实的植物不同的是，海藻没有根或者叶子，它们依靠一个橡胶状的夹子将自己固定在一个地方。海藻通过皮质叶状体吸收阳光。

有些海藻相当脆弱，另外一些却十分强大，比如漂积海草和巨藻，它们生活在暴风雨频繁的海区，因此必须经受得住海浪的冲击。有些海藻只有几厘米长，另外一些则可以达到几米。最长的海藻是巨藻，生长在北美洲的西海岸，这些巨大的海藻是世界上生长速度最快的生物之一，有时一天就能长50厘米。

■ 我的第一次探索

它们生活在食物里面

当人们提到真菌时,第一个浮现在脑海的通常是蘑菇或毒蕈,但是这些丰富多彩的蘑菇和毒蕈只不过是真菌世界中极小的一部分。

除了细菌和原生生物,真菌是地球上最为常见的生物了。大多数真菌都很小,但是科学家们也发现过极其巨大的单个真菌。从森林到沙漠,甚至海底和人类皮肤上,都有它们的身影。真菌可以在黑暗环境中生存,但是它们必须依靠食物存活。大多数以死去生物的残留物为能量来源,但也有一些喜好活的东西。虽然这样,真菌很少为人们所注意,只有很少的种类才有常用名,这主要是因为大多数真菌都生活在它们的食物体内,只有在繁殖时才可见。

◇ 像植物不是植物

真菌的繁殖和其他生物相比,显得格外不同。蘑菇和毒蕈已经是十分奇特了,但是其他真菌似乎更胜一筹——有些像鸟巢、一簇绒毛或者是人类耳朵的完美复制品。真菌通常从地表或者树上长出,它们的工作就是传播孢子。

几个世纪之前,自然科学家认为真菌是植物,尽管它们并没有叶子。不过,科学家们之后有了进一步的发现:与植物相比,真菌与动物的关系更近。

◇ 惊人的捕食"菌丝"

有代表性的真菌并不存在,它们的形状和大小总是那么多变。但是真菌都有一个特点——它们通过吸收食物存活。

真菌和动物不同,它们并不吞咽

↗ 这些蘑菇萌芽于地下真菌,它们使得真菌能够到处传播,而地下部分的真菌则专心于收集食物。

自然大发现

食物并消化，而是反其道而行之。真菌会当场消化并吸收食物释放出来的营养。担任这一任务的是像极细的线的"菌丝"，这些丝线会蔓延于真菌的整个食物之上。

菌丝虽然极细，却可以长到惊人的长度，通常能从地面一直延伸到树顶，并且在土壤中形成无边的菌丝网络，有些食木菌甚至可以沿着一条街道挨家挨户传播。

↗ 鸟巢菌通常只有5毫米宽，它的孢子类似微型的一窝窝蛋。当下雨时，雨滴进入"巢"内，可以将这些"蛋"溅入空气中达1米之高。

◇ 有些美味，有些致命

有些真菌味道鲜美，另外一些则有难闻的化学气味，甚至含有致命毒物。人们需要技术和经验才能分辨哪些是有毒的，因为安全的和危险的真菌有时非常相似。而且，有毒的真菌也并非"世代相传"，有些真菌既有安全的种类又包括有毒的种类。世界上大部分的毒蕈是一种叫做"死亡之帽"的毒蘑菇，它们分布于北半球林地中，这种蘑菇外形类似于食用真菌，但是每一个中的毒素都足以杀死一个成年人。更糟的是，"死亡之帽"中含的毒素，一般需要12个小时后才会发作，到人感觉到不舒服的时候，通常已经回天乏术了。

奇怪的是，有些对于人类而言是剧毒的真菌对一些动物却是无害的，比如鼻涕虫就十分钟爱毒蕈，它们大量食用这种有毒真菌却一点都不受到影响。

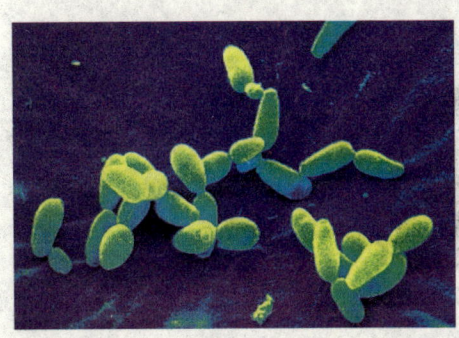
↗ 酵母是由单细胞组成的微观真菌。图中显示的是烘焙酵母，主要用于酿造红酒和啤酒以及发面。

◇ 真菌的战争

科学家们并不清楚为什么有些蘑菇和伞菌是有毒的，但是他们知道为

· 57 ·

■ 我的第一次探索

什么毒素会通过一些霉菌产生——这些真菌通常需要和细菌竞赛,用以阻止它们的微观对手接管其食物。这些真菌产生的毒素就是抗生素,是最有效的天然化学武器。

第一个抗生素发现于1928年,当时,苏格兰生物学家亚历山大·弗莱明发现,在实验室的一个培养皿中的霉菌有些异常:这个培养皿通常用于培育细菌,但是霉菌使得周围的细菌全部死亡了。从这种霉菌中,科学家们成功地分离出了一种化学物质,称为青霉素,可以用来杀死细菌。目前,青霉素仍然是世界上最为重要的药物之一。

真菌与动物,说不清的关系

对于动物,真菌既可能是有帮助的盟友,也有可能是致命的敌人。某些真菌能提供动物食物,还有一些则扮演秘密侵入者的角色——攻击动物并从内部开始消化它们。

由于它们通过孢子传播,所以这些致命的真菌几乎可以攻击位于任何地方的动物。但是如果没有真菌,我们还是会想念它们。和植物相比,真菌在人类生活中的戏分并不是很多。而对于有些动物而言,真菌对于它们的生存是至关重要的——蘑菇和伞菌是鼻涕虫和昆虫幼虫的食物来源。不

↗ 鼻涕虫常常以蘑菇和伞菌为食,它们利用齿舌吞噬真菌。齿舌是一种包含数百颗微型牙齿的口器。

↗ 图中的昆虫已经受到了真菌的侵袭。昆虫上出现的小蘑菇不久就会散射出它们的孢子。

过，真正的真菌专家是培养真菌作为食物的动物们——它们收获真菌，同时也通过保护和帮助它们传播而成为合作伙伴。不幸的是，对于动物而言，并非所有的真菌都是有益的，有些真菌会侵入动物体内，它们可以很快就像霉菌穿过一片面包那样穿过动物的身体，而这对动物往往是致命的。

◇ 好一个"地下"花园

在某些温暖的地区，白蚁会啃食在它们前进路上的一切植物，每年都会往地下搬运几百万吨食物。就像大多数动物一样，白蚁并不能自己消化所有种类的食物，它们会依靠住在它们肠道内的微生物来帮助它们消化，这种微生物叫做披发虫。

有些白蚁种类的效率更高，因为它们已经进化出一种额外的方式可以从它们的食物中获得营养。在地下巢穴中，白蚁吞咽它们的食物，又收集自己的粪便，这些粪便包含一些只有部分消化的残渣。白蚁将这些残渣变成一个直径超过60厘米的类海绵体——这就是白蚁的"地下"花园，也是白蚁食用的某些真菌的完美栖息地。只要白蚁好好照料这些真菌，它

↗ 这些雌性树蜂正在树上钻孔产卵。它们还带来了真菌。不过，它们通常会挑选已经受到真菌感染的树木。

们就会一直待在这个地下家庭中。不过，当白蚁废弃它们的巢穴时，这些真菌就会长出地表，生出蘑菇，从而传播开来。

◇ 发霉的隧道

许多昆虫在木头中产下卵，幼虫出生后可以将木头作为食物。随着内部蛀空的隧道变长，它们就开始食用进入木头中的真菌。对于幼虫而言，真菌就像配菜一样，和木头一起成了一顿丰盛的大餐。一些木材蛀虫更进一步地将真菌作为它们的主要食物，木头反而退居次席——树蜂的幼虫就是这样长大的，它们通常在针叶树中钻洞。林业工人非常讨厌这种昆虫，它们损害树木并导致树木十分虚弱。它们活动的隧道里排列着真菌形成的"皮毛"，幼虫就在真菌上游荡，仿

> 我的第一次探索

佛在树林中穿行一般。当成年树蜂从它们的洞中爬出时，它们会带上一些真菌，雌树蜂在产卵时，新的树木就会受到真菌感染，这样，它们的幼虫出生后就又衣食无忧了。

◇ 昆虫杀手

人类有时也会遭受真菌的侵袭，比如人们很容易染上脚癣。脚癣是一种以人类表皮为食物的真菌引起的，在汗脚和紧鞋导致的温暖潮湿环境下会大量滋生。尽管需要花时间清理，这种感染通常没什么危害。对于野生动物，真菌的威胁相对严重，它们可以杀死哺乳动物、鸟和鱼，对于昆虫尤其致命。它们可以驱赶窗玻璃或者草丛上的昆虫，如果昆虫不跑或者不飞走，那么它们也许已经是真菌侵袭的牺牲品了。当单个孢子进入昆虫体内时，这种攻击活动就开始了。一旦孢子融入昆虫身体，它就开始在内部散播，将昆虫的内脏消化掉。昆虫受到感染之后，真菌常常会改变昆虫运动的方式，它会"指挥"昆虫停留在野外开阔处——这些致命孢子的最佳传播场所。

自然界的太阳能板

自然界中的叶子需要经得住各种环境的考验——从炙热的高温到倾泻的雨水。叶子的存在很好地回答了植物在自然界生存所需解决的一个技巧性问题——如何最有效地收集阳光？

叶子的功能就像太阳能板，它们的工作就是尽可能多地收集植物所需的阳光。有些植物的叶子只有几毫米长，而最大的棕榈叶却可以盖住一辆公共汽车。叶子有的像一张纸巾一样柔软细致，有的像塑料一样坚硬，有的还有锯齿状的叶边、锋利的叶尖、大量危险的刺，这些都是经过几百万年才进化而来的，它们使得植物可以适应各种生活环境，并构建起各种不同的生活方式。

◇ 气体分子来去自如

不管叶子的外形看起来如何，它

们的工作原理都是相似的：它们从阳光中收集能量，用来合成自身生长所需的物质。叶子是通过光合作用来工作的，光合作用需要有二氧化碳和水以及阳光，因此叶子中必须含有这些物质才能使光合作用得以启动。这些物质是通过两种不同的途径来到叶子中的。

叶子从空气中获取二氧化碳，通过被称为气孔的微型小孔进入叶子中，而这些气孔被一些可以控制其开合的细胞所包围着。二氧化碳通过这些气孔后进入进行光合作用的细胞中。与此同时，氧气逸出。这听起来似乎有点像呼吸作用，但其实植物进行这种气体交换不需要付出任何努力，因为叶子很薄，气体的进出是非常容易的。

◇ **真是遥远的运输啊**

与二氧化碳不同的是，水的运输路径就比较长了——它进入植物的根部，通过一套极其细微的管道系统从茎输送到叶柄，最后进入叶脉。水分到达叶子后，大部分都通过气孔被蒸发掉了，这也促使更多的水被运输到叶子以弥补失去的水分。这个过程被称为"蒸腾作用"，气温越高、越干

↗ 当叶子对着阳光展开的时候，它们的叶脉就清晰可见了。叶脉有两个功能，它们支撑着叶子，同时也将水分输送到细胞中。从高度放大的图片中可以看到紫杉树叶子上的一个气孔。晚上，这些棕色的守卫细胞就会将气孔关闭，从而避免叶子过度失水。

旱、风力越大，蒸腾作用就越强烈。

仙人掌一天之中只需要使用很少量的水分，因为它们适应了干旱的生活环境。但是大部分植物吸收的水分远远超过仙人掌——一株玉米在生长过程中能吸收200升的水，这些水足以灌满一个普通大小的浴缸了。树所需的水分就更多了：一棵大橡树在一天之内可以吸收大约500升的水；白杨树吸收的水分可以使泥土干涸到收缩，从而导致地上的建筑物裂开或者倒坍。

◇ **长得也是千奇百怪**

要收集阳光，最理想的造型是大而扁平，就像太阳能板那样。但是叶

子不是金属制成的，也不像太阳能板那样被拴定在地面上，它们需要结合力量与轻巧于一体，还需要能够在各种环境下运作——无论是狂风大作的山腰还是光线微弱的雨林地区。这也是为什么叶子造型多样的原因之一。世界上没有两种植物的叶子是完全相同的。

大部分植物的叶子都是单叶，也就是一个叶柄上只有一片叶子。复叶则不同，它们分成与自身相像的多个小叶子。这些小叶子复合生长在一起，在一根叶柄上组成群叶。草的叶子很容易辨别，因为它们一般都是长长的、窄窄的，叶脉是平行的。但是在其他植物中，叶脉通常分布得像一张网。

↗ 热带植物通常长有大大的、松软的叶子，因为它们生活在高温、潮湿且平静的环境里。而在世界其他一些地区，植物如果长有这样的叶子就会被风撕扯成碎片。

◇ **寿命有长也有短**

不同种类的叶子不仅外形和大小有区别，而且叶面上也有所不同——有些叶子平滑有光泽，有些却是黏黏的或者摸起来像覆盖着一层软毛。有些叶子人在触摸时甚至会有危险，比如荨麻叶子上覆盖着刺手的绒毛，而毒葛叶子上则带有可以沾到皮肤和衣服上的毒脂。这些特性可以帮助叶子抵挡日晒、雨淋以及干燥的强风，也可以阻挡以叶子为食的动物的进攻。在非洲西南部，千岁兰植物只有两片叶子，可以持续存活几百年之久。但是大部分植物叶子的寿命是很短的，一旦它们的使命完成了，植物便切断了对这些叶子的水供应，叶子慢慢凋零，化作泥土。

◇ **化作春泥更护叶**

每年，常青树的叶子是逐步地掉落的，而落叶树的叶子则是同时凋零的。到了秋天，到处都可以看到落叶，但是到了来年春天，大部分落叶都消失了。这种消失的秘密在于细菌和真菌的作用——它们以死去的叶子为食，将之变成极小的碎片，最后归入泥土。这些叶片残骸使土地变得更为肥沃，帮助更多的植物和叶子的生长。

花儿为谁而美丽

人类都为花而着迷，我们给花作画，给花照相，还常常把它们放在家里。但花的生长本来并不是供人类欣赏的，它们承担着重要的使命——实现植物的繁衍。

很难想象这个世界如果没有了花会怎么样。花生长在陆上各种自然环境中，少数甚至在海底"盛开"。花儿装饰了我们的花园，也点缀了马路的两边，有些小花甚至坚强地开放在繁忙的人行道的裂缝中。花有着多种多样的形状和颜色，但是它们承担着一个相同的重要使命：当雌性细胞接受雄性花粉后，花中便会结出植物的种子。

◇ 试着解剖一朵花

了解花的最好方法是采用极端手段，从外部开始将花"拆开"。在大部分花中，最先除去的是绿色的小片，被称为花萼，它可以在花还处于花蕾阶段时起保护作用。接下来便是花瓣，这也是一朵花中最为吸引人的部分，它们的作用是吸引动物前来，从而使得花粉在不同的植株间传播。

在除去花萼和花瓣后，剩下的中心部分，首先是一圈雄蕊。这是花朵的雄性器官，它们的功能是产生花粉。最中心的是花朵的雌性部分，或者称为雌蕊，它们的功能是从其他花朵上收集花粉，然后形成种子。

◇ 传播花粉的使者

简而言之，上述内容也就是讲述了大多数花的构成方式。因为有那么多种类的开花植物，所以也就有许多种不同的花朵。大多数花都像玻璃橱窗一样，用食物来吸引动物对自己的靠近。这种食物通常就是甜美的花蜜，但也有些花是以其他部分来回报的，比如花粉。这些花需要被注意，所以它们总是有着亮丽的颜色和诱人的芳香。但并不是所有花都是这样的，很多植物不需要吸引动物，因为它们是靠风来传播花粉的，它们的花朵通常是小小的呈绿色的，很容易被忽略。

■ 我的第一次探索

1.清晨，随着花萼的脱落和花瓣的张开，罂粟花开放了。

2.鲜红色的花朵吸引昆虫前来，同时也带来了其他罂粟花的花粉。

3.花瓣掉落，留下一个子房，内有数百个发育中的种子。

◇ **不结果的"假花"**

动物通常不是雌的就是雄的，但是在植物世界中，事情就不是那么简单了。由于大多数花都具有雄性和雌性器官，所以它们的主人同时既是雄性的又是雌性的。这类植物通常是与其邻居相互传播花粉的，但是某些情况下它们可以自花授粉——如果它们独自生长，附近没有伙伴的话。

但是很多其他植物，比如南瓜，有着不同的雄花和雌花，它们的花生长在同一个植株上，但是只有雌花才能结果生子。此外，还有一些植物像动物一样，有雄性植株和雌性植株之分，奇异果就是其中一种——要产出奇异果，农民需要在地里同时种植它的雄性植株和雌性植株，这样才能实现授粉。

一个花粉就是一个使者

> 与动物不同的是，植物不会配对来繁殖后代，它们是通过另一个方式——交换微小的花粉粒来实现结合的。

对于植物来说，繁殖后代是一项颇有诀窍的工作——需要雄性和雌性细胞，如果可能的话，这两种细胞需要来自不同的植株。但是因为植物不能动，所以两个植株永远都不可能碰面。正是这个原因，花粉出现了，这

自然大发现

种粉末状的物质含有植物的雄性细胞，又小又轻，便于在不同植株间传播。当花粉到达花的雌性部分时，便使得雌性细胞受精，一旦这一关键步骤完成后，雌性细胞便开始产生出种子。

◇ **运气的成分比较大**

花粉是由雄蕊或者说花的雄性部分产生的。一旦花粉成熟，花就会将其释放出去，这样，花粉就可以在不同的植株之间旅行。这个旅程可能只是到邻花便结束了，但也可能一直走到千里之外。每种植物都有自己的花粉"品牌"，也只能在同种的植株中授粉。

花粉是通过两种不同的方式传播的：风传播和动物传播。风传播有些植物仅仅是将花粉抖散在空中，于是，花粉便随风飘散，幸运的话，其中一些就会落到同种其他植株的雌性器官上。这种方式被世界上所有的草类以及很多阔叶树所使用，此外，也为针叶树所使用，区别在于：针叶树的花粉藏在球果中，而不是在花中。

风传播的命中率很不确定，因此需要耗费大量的花粉，在暖暖夏日的早晨，风媒类花朵向空气释放出几百万粒花粉。花粉很小，肉眼看不见，但是会让很多花粉过敏的人不停地流鼻涕和流眼泪。

◇ **自从有了私人快递员……**

世界上最早的种子植物都是由风传播花粉的。但是当开花植物出现后，它们找到了更为聪明的传播方式——植物进化出可以吸引动物的花朵。作为对花朵提供食物的回报，这些动物充当了私人快递员的角色，将花粉带到了目的地。

最早帮助花粉传播的动物很有可能是甲壳虫，因为它们常在花中进出以寻找食物。如今，传粉动物包括各个不同种类的昆虫、鸟、蝙蝠以及有袋动物。在长时间的合作伙伴关系中，花和传粉动物已经融洽得像锁和钥匙一样般配了。当一种动物来到一朵花时，花的雄性部分或者雄蕊就会

↗ 在夏天，快速地摇动树干，可以使松树释放出大量黄色的花粉。这些花粉两侧带有微小的气囊，可以帮助它们飘散开来。

我的第一次探索

将花粉沾到动物身上,于是花粉就被带到了下一朵花中,在那里,花的雌性部分正等待着花粉的到来。一旦花粉被送达目的地,便会经一条细长的管道一直通到花的子房,里面装的正是花的雌性细胞。一粒花粉就可以使一个雌性细胞受精,此后,这个细胞就生长成一粒种子。

◇ 谁的花粉谁来传

单是观察一朵花,通常就能很容易地说出其是由哪类动物传播花粉的:靠昆虫传播花粉的花通常有着明亮的颜色和香甜的气味,因为昆虫会被这种艳丽的颜色和甜甜的气味所吸引;形状较平的花朵通常是由苍蝇和黄蜂传播花粉的;管状花朵则一般是由蝴蝶或者蜜蜂传播花粉的,因为它们有着长长的舌头,所以可以触到花的底部,那里等待着它们的正是甜美的花蜜;靠蛾类传播花粉的花,比如金银花,有着类似的管状外形,它们在夜间散发出一种芬芳,而此时正是蛾类活跃的时候。

因为大部分昆虫的体形都很小,因此靠昆虫传播花粉的花朵一般也是外形较小的,鸟类或者蝙蝠常把花朵作为落脚的地方,因此这些花必须强壮一些。一只鸟或者蝙蝠吸食的花蜜远远多于一只蜜蜂的吸食量,因此这些靠鸟类或者蝙蝠传播花粉的花朵会一次连续好几天产生花粉,以确保有足够的吸引力。

◇ 我们只在一种花上停留

很多传粉昆虫会在多种植物的花中逗留,但是也有一些只喜欢在一种花中活动。这些昆虫从植物中获取自身所需的所有食物以及繁殖后代所需的场所。作为回报,它们向植物提供私人运输服务,在世界上的温暖地区,无花果树就是以这种方式传播花粉的——世界上有1 000多种不同的无花果树,但神奇的是,每种花朵都有其专门的传粉蜂类。

↗ 花粉像指纹一样独特,每种植物可以产生自身特有的花粉种类。科学家有时仅仅观察花粉就能分辨出植物种类。

自然大发现

天生的旅行家

> 幼年植物需要离开它们的母体,以获得充足的阳光和水分。几百万年来,植物已经进化出很多令人吃惊的方法来将其种子传播得更远、更广。有些植物是完全由自己来完成这样的任务的,而很多植物则是依靠外部世界的力量。

虽然植物不能动,但是它们的传播能力却强得令人难以置信,它们能够很快占据新开出来的土地,不管这是谁家的后院或者是遥远海上的一个小岛。植物还会在其他植物上安家,有些甚至在城市的高墙和屋顶上扎根。植物之所以能够到达这些地方,是因为它们的种子是天生的旅行家,没有什么地方可以阻挡它们的脚步。

◇ 弹射和炸裂

世界上最重的种子叫海椰子,来自一种生活在塞舌尔群岛上的罕见的棕榈树,它的种子可重达20千克。成熟的时候,海椰子就会掉到地上,滚

↘ 当风滚草停止开花后,它们的根开始枯萎然后断开。死去的植株被风吹走,把种子撒到了所到之处。

我的第一次探索

出几米远，然后停下来。但是很多种子走得远远不止于此，它们依靠果实来传播，这些天然的种子容器本来就是用来帮助种子的传播的。

植物的果实变干后常常可以帮助种子飞得很远，比如罂粟果可以像一个小型胡椒盒一样，当风吹过时，把种子散播出去。而豆荚则更像一个弹射器，当豆荚被太阳晒干后，就会突然裂开，将种子撒在地上。

有一种比较特别的果实被称为喷瓜，它可以像一个小型炸弹一样，当其成熟时，果实就会炸开，种子和果汁可以被喷射出几米远。

◇ 漂流者和漂浮者

弹射和炸裂已经可以很好地帮助种子的传播了，但是如果依靠漂流或者漂浮，那么种子则可以走得更远。

↗ 在中美洲雨林里，凤尾绿咬鹃以种子大或者果核大的果实为食。这种鸟类可以消化掉果实的大部分，但是将果核丢弃在雨林的土地里。

世界上最为成功的草类，包括蒲公英和蓟，果实多毛，可以被风吹得很远。每个果实中都含有一粒种子，降落伞造型的毛可以帮助它"飞行"。在森林中，植物通常都能产出带有"翅膀"的果实，可以像直升机一样"飞翔"，而后降落在地面上。

有些"翅膀"只有指甲那么大，但是有些——比如翅葫芦果实的"翅膀"——则大得像鸟类的翅膀。

海岸植物，比如椰子树，通常能产出可以在水中漂流的防水果实。如果一个椰子被水流带走，它可以穿越整个海洋，在另一个遥远的海岸上发芽生长。生活在加勒比海岸上的一种被称为"海豆"的植物也具有上述功

↗ 这只蚂蚁发现了一样好东西——一粒种子及粘连的食物。拖回自己的洞中后，蚂蚁将把食物吃掉，而留下种子，无意当中将种子"种"在了地下。

能，它的种子呈心形，常常穿越整个大西洋，有时甚至被水流带到遥远的北极圈附近。

◇ **动物助手**

前述这些传播途径实在已经很令人吃惊了，但更多的还在后面。就像植物利用动物来传播它们的花粉一样，植物也利用动物来传播它们的种子。很多果实都有钩子，可以勾挂到动物的皮毛上，有些果实还善于粘到人类的袜子和鞋子上，这样，它们可以被带到其他地方。幸运的是，大部分这种搭顺风车的果实都是小小的，但也有较大的——生长在非洲的魔鬼爪长有8厘米长的钩子，刚好可以钩到羚羊的角上去。

多汁的果实也利用动物来传播，但是它们通常采用比较迂回的方式——当果实成熟后，通常是颜色鲜亮，这就吸引了动物前来寻找食物。动物吃东西比人类简单多了，它直接将果实连同种子整个吞下。这样，果肉很快被消化掉了，但是消化种子就要难得多。除非动物在食用果实的时候进行了咀嚼，否则这些种子会完好无损地被排出体外。消化液常常能帮助种子发芽。因此，没有动物，有些植物的种子很难发育生长。

食用果实的动物包括各种鸟类和哺乳动物，甚至一些鱼类。其中的大部分是很好的种子传播者，因为它们的活动范围很广。对于植物来说，这种方式传播种子是事半功倍的，因为种子不仅被带走，而且被播撒到了事先预备的肥料——动物的粪便中。

这些植物不开花

不管你如何努力，你都不可能找到一种开花的苔藓或者蕨类，这种植物就像是地球上最早出现的植物一样，不需要通过开花来繁殖。

直到恐龙时代结束，都没有出现开花植物，没有草类（草类也属于开花植物），也没有阔叶树类，所有的植物都通过播撒孢子或者产生原始的种子来繁殖后代。在此之后，世界发生了翻天覆地的变化，恐龙灭绝了，

> 我的第一次探索

无花植物被开花植物逼上了绝境。但是无花植物还是存活了下来,有些还非常成功。

◇ **苔藓和地钱**

如今要观察无花植物,最佳地点之一是在激流边上——奔流的水形成了凉爽、潮湿的生活环境,这正是苔藓植物最为繁盛的地方。苔藓是很初级的植物,没有真正的叶子和根,它们看上去就像鲜绿色的垫子,有些生长在水下的则像是摇曳的头发。与开花植物不同的是,它们一般都很小,而且生长得很紧密。世界上最高的苔藓品种生长在澳大利亚,但也只有60厘米高。

为了生长,苔藓必须保持湿润,很多苔藓自身都能像海绵一样保持水分。虽然它们喜欢像河滨和沼泽这样的地方,但是它们也并不是必须永远地保持潮湿状态———些苔藓生长在岩石和墙上,在那里它们可以保持干燥状态几个星期甚至几个月。这些脱水的苔藓看上去呈灰暗色,好像已经死了,但是当雨水来临时,它们又很快地复苏过来。

河滨地带也是世界上结构最为简单的植物——地钱的首选生长环境。有些地钱看起来像是小型的舌头,而有些则像是长着小叶子的丝带。地钱是分成两枝、横向爬行生长的,而不是像苔藓那样向上生长。很多地钱都是生长在潮湿的岩石上,但是在热带雨林中,它们也可以在其他植物的叶子上生长,地钱并不会将这些植物置于死地,但是的确会窃取一些阳光。

↗ 地钱通过孢子传播,可以长出杯子状的器官用来存放这些小型的"蛋"。这些"蛋"被雨水击中后会从"杯子"中跳出来——与鸟巢菌的传播方法不谋而合。

◇ **蕨类植物**

世界上有11 000多种蕨类植物,是最大的无花植物群。最小的蕨类植物可以放入一个蛋杯中,而最高的种类——树蕨可以高达25米。大多数蕨类植物都在地上扎根,但是有些也会攀缘到树干上,少数的则漂浮在池塘水面上。有些蕨类植物属于珍稀种类,但是有一种叫做欧洲蕨的种类,

自然大发现

↗ 膜蕨因为其叶子只有细胞膜那么厚而得名。这些外形精致的植物只能在非常潮湿的地方生长，因为它们很容易变干。

是一种让人烦恼的野草。

与苔藓和地钱相比，蕨类植物更像开花植物——它们有真正的根、茎和叶子，也有内部的输送管道，可以将根部从泥土中吸收的水分运输到叶子。但是蕨类植物没有花，而且是通过孢子而不是种子传播并繁殖后代的。它们的生命循环介于两种不同的植物之间。

◇ **针叶植物和它们的近亲**

有种子的植物一般就能开花，但是在植物进化的历史上，却是先出现了种子，这也就解释了为什么针叶植物有种子却没有花。世界上大约有550种针叶植物，与250 000种开花植物相比，它们的数量是很小的。但是在干旱和严寒的地方，这些针叶植物仍是很成功的，在地球极北地区，它们形成了北温带森林——世界上面积最大的森林。

针叶植物也有近亲，但是很少见到，其中包括铁树目裸子植物——一种外形很像棕榈树的树种，以及银杏树（或者称为铁线蕨）——来自远东地区的"活化石"，它们叶子的外形像是鲜绿色的扇子。针叶植物的另一种近亲被称为千岁兰，可以说是世界上最为奇特的植物之冠，它生长在非洲西南部的沙漠地区，看上去像是一堆垃圾而不是什么有生命的东西。

↗ 针叶植物有两种球果：雄性球果可以产生花粉，而雌性球果则用来产生种子。图中是来自落叶松的雌性球果，它们还很柔软，但是随着其慢慢成熟，就会逐渐变硬，形成木质。

我的第一次探索

植物可以活多久

生长在中国中部的竹子，每个世纪会大规模地开花、结籽2~3次，然后死去。然而，这种生命的最后绽放也并非出于偶然——这只不过是植物生命存在的一种方式。

与动物相比，植物的生命长短差别大得令人吃惊。有些植物只能存活几个星期，而比如狐尾松却可以存活5 000年以上。石炭酸灌木可能已经度过了其10 000岁的生日，因为每一丛都会在老灌木丛死后继续繁衍。有一些植物，包括很多竹子类的植物，一生只开一次花，此时也正是其生命的终点。但是不管它们的生命周期有多长，植物都是按照一定方式来划分自己的生命阶段的。

◇ 生命的速战速决

对于很多杂草来说，速度是一生中的重要方面。这些植物通常生长在时常被滋扰的土地上，它们需要在其他体型更大的植物将它们挤出去之前完成开花和结种。它们把所有的能量用在开花上，然后死亡，它们并不将能量储存起来以备环境恶劣时使用。这些植物被称为一年生植物，因为它们在不到一年的时间中完成了整个生命过程。一年生植物包括罂粟和其他路边生草类，以及那些在沙漠中遇到雨水方能复苏的植物。

◇ 生命的两个阶段

在冬季比较寒冷的地区，很多植物依照一个特别的时间表来度过一生，它们可以生存两年：第一年，集中生长和储存养分；第二年，它们利用储存的所有养分来为开花提供能量。随后，它们的生命通常也就走到了尽头。这些植物被称为两年生植物。

两年生植物通常将养分储存在根部或者块茎处，因为这些器官藏在地下，不容易被动物吃掉。胡萝卜是两年生植物，它们总是在第一年就被挖起，否则第二年它们就会开花和结子了。

◇ 生命的持久战

一年生和两年生植物都属于"暂

◆ 自然大发现

↗ 毛蕊花属于两年生植物。在第一年（上图），这种植物长得很矮，有着莲座形的叶丛。第二年（下图），它使用所有能量长出了一个很引人注目的头状花，高度可以超过2米。

快速的植物遮在其阴影下。与它们的小型竞争对手不同的是，大部分多年生植物每年都会开花。

◇ **终场演奏**

99%以上的植物都是遵循前述三种生命周期中的一种，例外的是植物世界中的真正怪胎，它们把所有的能量都用在一生一次的开花上。这些植物包括很多不同种类的竹子和龙舌兰属植物和凤梨科植物，以及有名的贝叶棕榈树。贝叶棕榈树会一直生长75年左右，然后它会摆出世界上最大的鲜花造型。虽然这些树会在开花后死去，但是这个终场演奏也并不是不值得的，因为可以收获大量的种子。

时性"植物。它们出现得很快，但是从来不在同一个地方生长很久，因为它们要与其他"永久性"植物竞争。这些"永久性"植物被称为多年生植物。其中包括那些每年枝叶都会死去，但是来年又从根部发出新芽的植物，比如世界上所有的灌木和乔木。与一年生和两年生植物相比，多年生植物打的是持久战，它们生长很缓慢，需要很多年才能长成成年植株。但是，一旦长成后，它们把那些生长

↗ 东南亚的贝叶棕榈一生只开一次花，之后便会死亡。每棵树可以开出25万朵奶黄色的花。

· 73 ·

■ 我的第一次探索 ●●●●●

一棵树是这样长大的

> 树木能生长几百年之久,所以它们必须长得十分结实。大多数树木在它们的生长过程中变得强大起来,树龄越高、树木越大,它们也就越强壮。

在热带,一些树木可以每年长5米之高,这一速度是人类十几岁时生长速度的100倍。在世界其他地区,树木的生长速度要慢得多,但在每年春天仍然能长高1米以上,对于树木而言,生长是一项繁杂的事务,而且需要细心管理。因为每长高1米,它们被风吹倒或者折断的风险也就增加了一分。

◇ **全凭一圈薄细胞**

树木并不是只向上生长,大多数树木还会向边上生长,这些向外生长的部分是由树木的形成层构成的。所谓形成层是只有细胞厚薄的一层活组织。形成层就位于树皮之下,就像一层覆盖整棵树木的无形薄膜。

当形成层的细胞开始分裂时,树木就开始生长。在形成层的内表面,

↗ 在山里,树越是高,生长速度越是慢。树线标记着树木能够适应的生活环境的最高限。

细胞产生出新木材供树干生长和树枝扩张。形成层的外层生成新的树皮，向外推张，使旧树皮裂开或者脱落。这两种方式能使树木长大，给予树木生长所必需的力量。由于形成层靠近树皮表面，这里的木材是一棵树中最新的，它们被称为"边材"。有时候，充满了树液，切开的话会感觉十分光滑湿润。当每年的边材变老后，它逐渐开始停止传输树液，其中的细胞和树脂与油脂粘在一起并结块，从而变成又重又硬的"心材"。心材就像骨骼一般，使树干和树枝变得更为强壮。不过和骨骼不同的是，心材并不会生长，其中所有的细胞几乎都是死的。

出过去的天气变化。通过考查世界上最老树木的年轮，树木年轮专家已经能够拼凑起过去5 000年来全世界的气候记录了。

◇ 与众不同的棕榈树

大多数树木的形成层是环绕式的，但是棕榈树和其亲族的形成层却大相径庭：它们只有一个单一的位于树干顶端的生长点。生长点形成树干，当树干向上生长时，生长点以下的生长就停止了。如果棕榈树的顶部被砍掉，那么它就会停止生长并死亡。

这种罕见的生长方式使得棕榈树在长高时树干不会变粗，这就是为什么它们总是如此地优雅。棕榈树并没

◇ 读年轮

在终年温暖潮湿的地区，树木一年到头都可以生长。但是，在冬季十分寒冷的地区，树木生长的高峰期就集中在春天和初夏。这些生长峰期会在树木中留下年轮，当树木被砍伐时就可以看到。通过计算年轮，很容易就可以推算出树木的年龄。实际上，年轮能反映的信息远不止这些：当生长条件优越时，年轮较厚；在恶劣的年份，年轮就会比较窄，这就能显示

针叶树通常有着短树枝，在生长过程中会保持向上姿态。

棕榈树没有树枝。它们会长高，但是树干却不会变粗。

大部分阔叶林树在长大后会改变形状，形成一个圆形的树冠。

■ 我的第一次探索

有真正的树皮,也就是说它们的切口不会愈合。人类在采摘椰子时就是利用了这一点。他们在椰子树上切割出的用于攀爬采摘椰子的阶梯终其一生都会存在。

◇ 没有完全一样的两棵树

棕榈树没有树枝,但其他树木都有,而且新的树枝会遮住底下的旧树枝。为了处理这一问题,树木通常会自行手术——离地面最近的树枝会自己脱落。这种外科手术发生在幼树时期,会持续多年,最后,剩下的树枝就越长越高,整棵树就变成一个皇冠形状。世界上最大树枝自卸群生活在热带森林中,这里,最高的树木最后长成30米高的平滑且无分支的树干,直插云霄,就像林地上的柱子一般。

树木用其他方式对环境作出反应:当比较拥挤时,它们就长得比较高,而且会顺着盛行风的方向生长;在阴暗的地方,它们的叶子一般比较大。这些不同的生长模式就解释了"为什么没有两棵树木是完全一致的"。

自我保护,各出奇招

遇到饥饿的动物时,植物完全没有反击的余地,但是它们也有大量的武器可以防御动物的进攻,甚至将之杀死。

在动物王国中,素食者和肉食者的比例至少是10∶1,从小虫子到大象,加起来有几十亿张嘴,饥饿地等待着自己的食物。如果没有任何保护,世界上的植物将是非常无助的,它们的最后一丝痕迹也终将从地球上消失。但是,植物却实现了自身的繁衍,那是因为进化赋予了它们创造性的、有时甚至是痛苦的自我保护能力。

◇ 绒毛虽小,威力惊人

植物世界中最为常见的武器通常要通过显微镜才能看得见,那就是细小的绒毛,这些只有几毫米长的细小绒毛像小型森林一样覆盖了很多植物的表面。有些绒毛是带有分叉的,可以在被折断后钩挂住虫子的嘴巴;有的能够产生黏性物质,可以困住蚜虫和其他吸汁鸟类,从而抵御入侵。绒

自然大发现

毛对于保护新长的茎干和叶子至关重要，因此它们通常摸上去会有柔滑的或者黏性的感觉。

为了抵御体型较大的动物，较大的武器是不可缺少的。在荨麻的茎干和叶子上，长有中空的由二氧化硅组成的绒毛，可以像人类的皮下注射器一样使用。如果动物或者人类触碰到其中的一根绒毛，绒毛顶端就会折断，同时注射出一种有毒的化学混合物，其中也包括甲酸（蚁酸）——这种物质在被蚂蚁叮咬后也有出现。

普通荨麻的刺带来的伤害只持续几小时后就会逐渐消失，但是有些种类的则不然，比如新西兰荨麻的刺就要厉害得多，能够使家畜死亡。然而这些刺却因为个头过大而威胁不了昆虫，这就是为什么许多毛虫以荨麻叶为食，并饱食终日。

◇ **记住刺和棘的教训**

在一些干燥的地区，动物靠植物补充水分、充当食物。在这些地方，植物通常通过恶刺来自卫。刺槐的刺是木质的，能够长达15厘米，不过最麻烦的还是仙人掌刺——有些仙人掌的刺层层叠叠，如果一根仙人掌刺扎入动物的皮肤，往往会使其很痛苦，要剔出那些刺往往很困难。如果这些还不足以自卫，仙人掌还有另外一种防卫手段，它们的刺是生在一簇细毛中的，这些毛看似无害，实际上很容易脱落。一旦进入皮肤，会造成持续数天的刺激。

刺给予动物一种即时的警告，使它们立即远离。但是棘常常有反效果，因为棘是弯曲的，它们常常会钩住动物的皮毛，使动物很难逃逸。当动物挣扎着逃脱时，就领受了一次痛苦的教训。运气好的话，这种记忆让这个动物一生都不会再来碰它第二次。

↗ 许多植物都能生成乳液——一种含有防御性化学物质的乳状树液。图中，人们在橡胶树上割开一道口以接收天然橡胶乳液。

我的第一次探索

◇ 杀手锏化学武器

如果一种动物确实突破了植物的外部防线,那么植物就可能动用那些会让侵犯者感到不快的存货——许多植物都会使用化学武器使自己避免沦为动物的口中之食。比如,有一种普通的园林灌木叫做"桂樱",可以在其叶子中产生氰化物。通常情况下,这种叶子是无害的,因为它们只是含有制造氰化物的成分,而不是这种毒药本身。但是如果动物开始食用它的叶子,氰化物就会开始合成了——它那特殊的气味警告着动物:食用它的叶子就是在自找死路。

大部分植物毒素要在吞咽或者吸入后才会生效,但是也有一些植物即使是皮毛接触也有危险。毒葛就是最著名的,它会产生一种有毒树脂,能粘在衣服和鞋子上。即使是数月之后,它的毒害效果仍然会残留。

多刺仙人掌脆弱的茎干上覆盖有大量的刺。如果有动物触碰到这类植物,茎干会自动断落,同时附着在触及的皮肤上面。

植物也吃肉

对于一只不留神的苍蝇而言,捕蝇草似乎像是一个合适的停靠位置,但这是一个致命的错误,因为捕蝇草是食肉的,苍蝇就是它的食物。

植物利用阳光生长,但是它们也需要一些简单营养物质,就像人类需要盐和其他矿物质一样。大多数植物都是从土壤中获取这些物质的,但是食肉植物是通过捕捉并消化动物获得的。进化使它们拥有了复杂的陷阱和独特的诱饵。它们大多数都以昆虫为开荤的目标。

◇ 开和闭

捕蝇草只有足踝高低,却是世界上最奇怪的植物之一,它的每一片

自然大发现

↗ 一只苍蝇被捕蝇草捕获后正在被慢慢消化。每个"陷阱"在枯萎前可以捕捉四只昆虫。

叶子都分为两片平坦的裂片,边上布满了卷须。裂片在合叶处连接,在正常情况下,它们是张开到最大的,为路过的苍蝇提供了一个降落平台。这个平台有着特殊的吸引力,它会分泌出含糖的蜜汁,昆虫可以将其作为食物。但是,一旦一只苍蝇飞落并享用这些蜜的话,就会触动特殊的绒毛,捕蝇草陷阱就开始运作。在半秒钟内,裂片就会迅速关闭,长卷须就将苍蝇锁在内部了。不管如何挣扎,它注定难逃一死,在1个小时之后,苍蝇就会死去。一旦捕蝇草成功捕获猎物后,其消化酶就开始工作,它们会分解苍蝇的身体,使植株可以吸收其身体所含的各种营养成分。几天之后,残渣就被排出,陷阱又会准备好下一次的捕猎。

◇ 紧紧粘住

捕蝇草是非常敏感的,它们可以分辨出美味可口的昆虫和偶然掉落在陷阱里的、不适于食用的物体。

不过世界上大部分的食肉植物的捕猎方式都是不同的,有些诱惑昆虫后,将其粘住使其难以脱身。这些植物中最常见的就是茅膏菜,世界各地,特别是山地和沼泽地区都有它们的分布。茅膏菜的叶子表面覆盖着一层黏稠的绒毛,上面有类似液体的胶。如果一只昆虫在茅膏菜叶子上着陆,那么这些绒毛就会将昆虫折叠起来,昆虫就无法逃脱了。

↗ 世界上的茅膏菜有100多种,占了所有食肉植物的1/4。图中这种生长在泥炭沼中的茅膏菜刚抓住了一只豆娘蜓。

◇ 溺死猎物

昆虫经常被芳香的"饮料"吸引,有时它们就会掉在这些饮料中淹

我的第一次探索

▲ 猪笼草叶子的底部有陷阱，每个陷阱都有一个盖子和一个漏斗。漏斗底部会分泌出消化液，其中通常会有猎物的残渣。

死。猪笼草就是用这招来捕获猎物的。猪笼草的种类有很多，分布地也比较广，从沼泽地到热带森林都有它们的身影。尽管它们属于不同的科，但它们"陷阱"的工作原理却大同小异：每棵猪笼草都像一个花瓶，有一个滑滑的边，散发着腐臭气味，如果昆虫顺着气味进入，它就会滑倒并跌到"瓶底"。猪笼草的底部有一个消化液池，昆虫就在那里变为它的大餐。有些猪笼草只有几厘米高，它们的"陷阱"就在地表。世界上最大的猪笼草种类分布在东南亚和澳大利亚，可以长达6米，沿着树木或灌木向上生长，其中最稀有的一种叫做拉贾猪笼草，生长在东南亚婆罗洲的雨林中，它的猪笼可以装下1升液体，如此大的陷阱据说甚至装下过老鼠并将其淹死。

◇ 死胡同

大多数的猪笼草都有类似于一把伞的片，可以阻止雨水进入。但一种分布在美国加利福尼亚州和俄勒冈州的眼镜蛇百合却是以伸出的"舌头"为覆盖的。这种舌头上可以分泌出蜜汁，以吸引觅食的苍蝇。当苍蝇停靠后，它沿着舌头就进入了陷阱之中，在这里有许多很小的窗口，苍蝇对着窗口，却无法飞出去，当它精疲力竭时，就会掉落到底下的致命液体中。

◇ 水下猎人

捕蝇草的反应相当之快，但是还有反应更快的猎手将它们的陷阱设在池塘和湖泊中，这些植物被叫做狸藻，它们以水中的蠕虫、水跳蚤之类的微小动物为食。狸藻在水面上漂浮，除了向上的茎之外，它们还有十分类似根的水下茎。这些在水下的茎负责装置这种植物的打猎设备，每个都带着多个看起来像小气球一般的陷阱。每个陷阱都有一个小型的活板门，在正常情况下是紧闭着的。在准

自然大发现

备制造陷阱时,这种植物会排出一些水,这样植株内部的压力就会比外面的低。如果小动物游近陷阱的话,它就会碰到门上的一组刚毛,门就会立即打开,涌入的水就会将小动物也带入,门就再次合上。当猎物被消化之后,陷阱就会再度备战,等着下一次捕猎行动。

植物之间的战争

> 大部分植物都是依靠自己存活下来的,不过也有一些植物利用了它们的邻居。这些植物包括了无害的"乘客"和一些有害或者致命的"寄生虫"。

在植物世界中,光是生存下去的关键因素。单株植物会尽其所能吸收阳光,但竞争会很激烈——特别是周围有许多树木时。一些被称为附生植物的植物就进化出一种方法来应对这一问题——它们会爬上其他的植物以获取光照。寄生植物则更加残忍,它们会攻击它们的主人,窃取它们的水和食物。

◇ 找棵大树安个家

附生植物是离地生活方面的专家,它们中的大部分都生长在其他树木上,那里提供了坚固的树干,可以供它们安全地生长很多年。在北美洲和欧洲等温带地区,最常见的附生植物就是苔藓和蕨类植物。在热带地区,树干和树枝上经常也可以看到有花植物的覆盖。这些高高在上的开花植物包括世界上最美丽的一些兰花和一些带刺的凤梨科植物,它们可以长到超市手推车那般大小,并超过一个

↗ 世界上大约有2万种兰花,其中一半以上是生长在其他植物之上的附生植物。这株澳大利亚昆士兰的国王兰花就长在一个树干上。

成年人的重量。

尽管存在许多差异，附生植物在它们独特的生活方式方面还是有着许多有趣的相似之处的——它们都依靠特别的根或者茎悬吊在树上，当下雨时可以吸收水分，甚至还可以从大气尘埃或者掉落在它们身上的枯叶中来吸取养分。

◇ **这些窃取别人养分的小偷**

附生植物对于寄主并不产生任何伤害，只是过多的附生植物有时候会压断树枝。

寄生植物是不同的，它们以牺牲寄主为代价而生存。这些鬼鬼祟祟的生活方式也有程度上的不同：有些只是从它们的寄主那里窃取一些养分；有些直接长在寄主身上；还有一些则干脆躲在寄主的体内。

澳大利亚圣诞树就是寄生植物抢劫其寄主的一个典型例子——它的根会侵入附近的植物，以吸取它们的水分和树液。它最常见的入侵对象是草，不过它也会侵入任何类似根的物体，包括地下电缆。

由于根部被隐藏了起来，人们很难确认在地下窃取养分的寄生植物。地面上的寄生植物则相对比较容易发现，最常见到一种寄生植物叫做菟（tù）丝子，世界上许多地方都有它的分布，它那绝缘管似的茎可以覆盖寄主植物，通过小型的吸盘窃取寄主茎中的水分和营养物质。菟丝子从地上生长出之后不久它的根就会枯萎。它可以从一个寄主爬到另一个寄主上面，创造出一个绵延数米的菟丝子网。

◇ **干脆入侵到内部去**

许多人都听说过槲寄生这种寄生植物，它们常常会聚集出现在圣诞节期间。它生长在树上，通过生长含有黏性种子的浆果传播——鸟类食用这种浆果时，种子常常会粘在它们的喙上，当鸟类在树枝上摩擦以清洁喙

↗ 这棵老白杨树受到了许多槲寄生的攻击。那么多寄生植物窃取其营养，使得树木很难生长了。

自然大发现

时,种子就留下了。北美洲的矮子槲寄生会以一种爆炸性的方式迅速传播,它的浆果在成熟后会迸裂,时速可达100千米的种子便四散开来了。世界上给人印象最为深刻的寄生植物是生在在苏门答腊岛森林中的大王花,它会攻击藤类植物,它们的花是世界上最大的。不过这些我们见到过的只是部分,因为许多寄生植物都隐藏在不幸的寄主植物内部。

呼吸,呼吸

当鲸深潜之后来到海面时,它的第一要务就是呼吸。平均而言,我们一分钟呼吸15次,但许多鲸可以屏住呼吸长达1小时。

因为动物的身体需要吸进氧气、释放出二氧化碳,所以它们要呼吸。有些小动物,比如扁虫只是简单地让这些气体通过它们的皮肤来进行呼吸。不过大多数动物则需要更多的氧气,尤其是在活动的时候。它们通过呼吸器官的帮助获得氧气,这些器官包括鳃和肺。这些器官都有着丰富的血液供给,血液流过这些器官从而获得氧气并将其传输至身体需要的各个部位。

↗ 在潜水之后,这头驼背鲸大呼一口带油味的气。大多数鲸都有一双通气孔,不过抹香鲸只有一个,在它们鼻部的左边。

↗ 和许多淡水昆虫一样,龙虱必须浮到水面来呼吸空气。这种甲虫会将空气存储在它们翅膀之下,所以它们必须努力游泳才能下潜。

· 83 ·

我的第一次探索

◇ 鱼儿是怎样呼吸的

水中含有许多溶解氧,特别是当水温较低的时候,水中的氧含量就更高。哺乳动物不能吸收这种氧气,连专业的"游泳者"如海豹和鲸也不例外。鱼类则一直在呼吸这种氧气,因为它们有鳃。

鳃是片状或者丝状组织的集合体,周围充满了水,它们的表面积比较大,也非常薄,所以氧气可以非常方便地流入,二氧化碳则同时流出。大多数鱼鳃隐藏在鱼类头部以下的凹室内,当鱼游泳时,水流穿过鱼嘴,通过鱼鳃,再经过缝隙或者孔洞流出体外。鱼游得越快,鱼鳃获得的氧气就越多。当鱼静止时,它们通常会大口"吞咽"水以保持氧气供应。少数鱼类,比如弹涂鱼可以在空气中存活。不过大多数鱼类,一旦上陆则必死无疑——它们的鱼鳃会黏结在一起,从而不能获得所需的氧气。

◇ 奇特的气管

并不是只有鱼类才有鳃,蝌蚪也有,龙虾、蟹和蛤以及有些游泳或者潜水的昆虫也有。不过昆虫本来是陆上动物,这就是为什么大多数昆虫都必须浮上水面才能呼吸空气的原因。

昆虫体内获得氧气的系统十分特别,它们并没有肺,而只有一组称为"气管"的呼吸管。这些管子通向昆虫身体侧面的外孔,称之为"呼吸孔"。在昆虫体内,每根气管被分为数千根微型分管,可以为每个细胞提供氧气。小型昆虫让氧气直接流过它们的气管。稍大一些的昆虫,比如蝗虫,就会运用它们的肌肉来帮助氧气进入。当昆虫蜕皮时,它们必须将所有的呼吸管层也蜕下。当皮彻底脱落后,就像一只被丢弃的短袜一样。

◇ 呼吸一口气

昆虫个头较小,所以气管十分适合它们。不过有着脊椎的动物,除了鱼类,都是通过肺来呼吸的。和鳃不同,肺是中空的,它们隐藏在体内。肺中包含有数百万个小型气室,可以使空气中的氧气很方便地流入血液中。有些动物的肺比较小,而鲸的肺通常比一辆小轿车还要大。尽管大小上差别巨大,它们的工作原理却大同小异:哺乳动物呼吸时,肌肉使胸腔扩张,带动肺张开,接受从外部进入的空气;呼气时,动物就放松胸肌,随着胸肌的收缩,肺也变小,将空气压出。如果动物十分活跃,它们的胸肌也会加强工作强度，呼入的空气可以是正常情况下的5倍，同时排出的空气也大大增加。

◇ **在高处呼吸**

海象在潜水2小时后，只需要浮到水面呼吸5分钟。不过收集氧气的专家是鸟，鸟的肺和中空的肺泡相连，直接通向它们的骨骼。空气通过鸟肺这一单行道可以使鸟类收集尽可能多的氧气。鸟类需要效率很高的肺，因为飞行需要大量能量，是它们在停在树枝上时的10倍。高效率的肺

↗ 由于有着格外高效的肺，黄嘴山鸦可以生活在海拔6 000米的喜马拉雅山脉中。

也使它们可以在氧气稀薄的高空飞行。有些鸟可以飞到1万米的高空——人类在这个高度是难以呼吸的。

动起来

对于大多数动物而言，运动对于生存是至关重要的。有些运动速度极慢，它们需要1个小时才能穿过十几厘米的长度，而有些动物的速度可以超过一辆加速行驶的汽车。

动物通过肌肉运动，大脑和神经则控制肌肉。并非只有动物才会运动，但是在耐力和速度方面，它们绝对是无可匹敌的。有些鸟在一天内可以飞行超过1 000千米，灰鲸在其一生中游过的距离是地球和月球之间距离的2倍。

◇ **只能随波逐流了**

地球上3/4的地方都覆盖着水，所以游泳是一种很重要的运动方式。最小的游泳者是浮游动物，它们生活在海洋的表面，有些只是简单地随水漂流，不过多数都是通过羽毛状的腿或者细小的毛像桨一样滑行。浮游动

我的第一次探索

物在逆水的情况下很难前进，许多浮游动物每天会下潜到海洋深处，从而避开掠食的鱼类。

◇ 有鳍就是不一样

在水中，大部分"游泳者"都利用鳍来游。游得最快的是旗鱼，它们的速度可以达到每小时100千米。它们充满肌肉的身体是流线型的，它的动力来源是刚劲的刀形尾鳍，通过这个尾鳍在大海中遨游。与旗鱼相比，鲸的速度要慢得多——灰鲸一年的旅程超过12 000千米，但是它的平均速度却比一个步行的人快不了多少。海豚和鼠海豚也游得很快，它们的速度可以达到每小时55千米。

利用鳍和鳍状肢并不是快速游泳的唯一方式。章鱼通过吸水，再利用墨斗将水向后喷出脱离险境——相反方向的逃逸动力就来自这种水下喷流推进力。

◇ 在自己的黏液上滑行

水中的一些运动方式在陆地上也是同样有效的，比如陆地蜗牛的运动方式就和它们水中的亲戚相同，都是通过单个吸盘状的足爬行的。

为了保证它的足能够吸住，蜗牛

蛇怪蜥蜴在危急的情况下可以在湖面和河流表面上行走。通常它在水面走了几米之后，才会游走。

在行进过程中会分泌出许多黏液，这样它就可以在各种物体表面滑行，也可以倒着滑行。不过这种方式的速度并不是很快，蜗牛的最快速度大约为每小时8米。

◇ 多腿的，少腿的和没腿的

腿是原先生活在水中的动物为适应陆地上的生活逐渐进化而形成的。现在，陆地上有两种大相径庭的有腿动物：第一种是脊椎动物，这种动物有脊椎骨，就如同我们人类一般；第二种就是节肢动物，包括昆虫、蜘蛛和它们的亲戚。

脊椎动物的腿从来没有超过4条，节肢动物有6~8条腿，有些则更多。腿的数量最多的是千足虫，它们有750条腿。另一种极端情况就是有些脊椎动物正在逐步失去它们的腿，而由身体的其他部分代替。有些种类的爬行动物只有两条腿，如沙蜥。而世界上所有的蛇都根本没有腿。

◇ 哎呀，跑得可真快

节肢动物体型较小，所以它们的运动速度并不会太快，其中运动速度最快的是蟑螂，时速可达5千米。而且因为它们都很轻，所以可以展示一些非同寻常的绝技——它们几乎都可以倒着跑，而且可以跳到它们体长数倍的高度。它们还有立刻启动或者停止的本领，这就是为什么人们觉得这些虫子都很警觉的原因。

比较起来，脊椎动物的启动速度较慢，不过它们的运动速度则快得多，比如红袋鼠的奔跑速度可达每小时50千米。世界上最快的陆地动物猎豹的速度是它的2倍，不过这个速度每次持续时间不超过30秒。

↗ 尽管兔子的速度很快，但是它还是敌不过猎豹。猎豹的速度太快，以至于不能扑住猎物。它们通常用前爪打击猎物。

滑行、飞行都出色

动物的飞行始于3.5亿年前。今天，空中充满了各种滑翔和飞行的动物。有些体型大且强壮，还有一些则几乎用肉眼看不见。

除了鸟类，许多陆地上生活的动物都会滑翔，位于东南亚的婆罗洲就有一种会"飞"的蜥蜴和青蛙。不过只有昆虫、鸟类和蝙蝠才能真正飞行，它们用肌肉张开翅膀、起飞和降落。昆虫的数量比其他飞行者多几百万倍，它们的小体型使得其在空中可以自如飞行。蝙蝠可以飞得很快而且很远，不过鸟类才是动物世界中最好的飞行员，有些鸟类飞行的里程从数字上说都可以环绕地球了。

◇ 没有翅膀也滑行

滑翔动物包括一系列特别的种

我的第一次探索

类，有啮齿动物、有袋动物甚至是蛇、蛙和鱼类。有些只能滑翔几米就着陆，也有一些专家型"滑手"，比如飞鱼，可以在空中滑行300米以上。它们许多都利用滑翔作为紧急状况下的逃生方式。而对于某些动物，比如鼯（wú）猴，滑翔是它们的运动方式，即使是怀孕的母鼯猴也是如此。

滑翔动物并没有真正的翅膀，它们的身体上有扁平部分，可以使它们在空中滑翔：飞鱼有1~2对特别大的鳍；飞蛙则用它们拉长的如降落伞般运作的腿滑翔；滑翔哺乳动物使用的是它们腿之间伸展的弹力性皮肤和尾巴——在平时，这些皮肤是折叠起来的。

◇ 反方向飞行

和滑翔动物不同，飞行昆虫将大量的肌肉力量用于如何在空中支撑自己。蜻蜓一秒钟内拍打翅膀30下，家蝇则要达到200下或者以上。苍蝇只有一对翅膀，而大多数昆虫都有两对。蝴蝶和蛾的前后翅膀是同方向拍打的。蜻蜓则是以相反方向拍打的，这就是蜻蜓可以盘旋在空中，甚至是反向飞行的原因。

大多数昆虫并不能飞很远，许多

↗ 对于蠼螋（qú sōu）而言，准备飞行是一个漫长的历程。它们的后翅包裹在较小的前翅之下，后翅通常要折叠30次才能被前翅覆盖(1)。一旦蠼螋打开后翅，它们的翅膀就变得惊人的大(2)。

体型很小的昆虫十分容易被风吹走。不过，在昆虫世界中确实有一些长途飞行者。在北美洲，帝王蝴蝶通常要飞行3 000千米到目的地繁殖。在欧洲，有一种"灰斑黄蝴蝶"，通常在夏季穿越北极圈，以寻找一个能够产卵的地点。

◇ 带羽飞行者

蝙蝠的飞行速度可达每小时40千米，不过与某些鸟类相比，这种速度还是比较慢的：大雁在水平飞行时，时速可超过90千米；游隼在飞速下降捕猎时的速度可以达到每小时200千米。从飞机上可以看到，在超过11 000米的高空还可以发现秃鹫，而且它们还可能飞得更高。鸟类能创造这些记录是因为它们的骨骼是中空

自然大发现

↗ 草鸮以小型啮齿类动物为食。它们是慢速飞行专家。在捕食时，它们的飞行速度约每小时10千米，跟人类慢跑速度差不多。这张图中，草鸮正张开它的利爪，准备对猎物进行突然袭击。

的，而且肺的工作效率极高。然而它们的羽毛是更重要的因素：鸟类的羽毛给予了它们流线形的身体，使它们能在空中高速穿行。

北极燕鸥每年的飞行里程可达50 000千米，比地球上任何一种动物都要长。乌领燕鸥给人的印象更为深刻，它们可以在空中飞行5年，它们史诗般的飞行历程的最终目的地是供其繁殖的一个热带岛屿。

食草动物：全职的进食者

自然界食草动物与食肉动物数量比至少是10:1。食草动物多种多样，它们包括了从最大的陆生哺乳动物到可以舒服地生活在一片叶子上的小幼虫。

植物性食物有两大优势，一方面植物很容易找到，另一方面植物不会逃跑。对于小型动物来说，还有另一个好处——植物是很好的藏身之所。但是食用植物也有其弊端，因为这种食物吃起来比较慢，而且也不容易被消化。

◇ 一生都在大吃大喝

一只大象每天可以吃掉1/3吨的

◼ 我的第一次探索

↗ 和许多其他啮齿类动物一样，颊囊鼠利用它们的颊袋将种子运回洞穴。

食物，它们常常将树推倒来食用树枝上的叶子。野猪则采用不同的技术——从泥土中挖掘出美味多汁的树根来食用。虽然这些动物的体型都比较大，但是它们并不是世界上最为主要的食草动物。相反，昆虫和其他无脊椎动物的食用量要远远超过它们。

在热带草地上，蚂蚁和白蚁的数量常常超过其他所有食草动物的总数。它们收集种子和叶子，把它们搬到地下。在树林和森林中，很多昆虫以活的树木为食，而毛虫则直接躺在叶子中啃食。毛虫的胃口很大，如果进入公园或者植物园的话，可以造成非常严重的虫灾。

哺乳动物、鼻涕虫和蜗牛食用的植物种类范围很广。但是，小型食草动物通常对它们的食物比较挑剔。比如，榛子象鼻虫只是以榛子为食，而赤蛱（jiá）蝶毛虫只食用荨麻叶。如果这些毛虫遇到的是其他植物，它们会选择饿死。对食物如此挑剔看似奇怪，但对于食草动物而言，有时候这是值得的，因为这样在处理它们的专门食物时效率会额外高。

◇ 吃不完就藏起来

爬行动物中的植食者比较少，鸟类中则比较多。其中，只有很少部分鸟以树叶为食，更多的是食用花或者果实及种子。

蜂鸟在花朵中穿梭采集花蜜，有些鹦鹉则用它们刷子般的舌头舔食花粉。食用果实和种子的鸟类更为常见。不像蜂鸟和鹦鹉，它们在全世界都有分布。

种子是十分理想的食物，它们富含各种营养性的油类和淀粉。这也是

↗ 裸鼹鼠生活在地下，它们以植物的茎和根为食。这些非洲啮齿类动物几乎是瞎子，而且基本不会到地表活动。

为什么这么多鸟类和啮齿类动物将种子作为食物的原因。在一些干燥的地方，寻找食物比较困难，食用种子的啮齿类动物就格外地多。

啮齿类动物和鸟类不同，它们在困难时期可以通过收集食物并在地下存储食物而幸存下去。在中亚，有些种类的沙鼠可以储存60千克种子和根，这些存粮足够它们生活几个月。

中安营扎寨，那里温暖湿润的环境为它们提供了一个理想的工作场所。许多食草动物将微生物安排在称为"瘤胃"的特殊地带，瘤胃工作起来就像一个发酵罐。这些食草动物被称为反刍动物，包括羚羊、牛和鹿。它们都会将经过第一轮消化的食物再次咀嚼，进而吞咽后再消化。这一过程使得微生物更容易分解食物。

◇ 消化不了？吐出来再吃

种子消化很方便，所以它们也是人类食物的一部分。不过草和其他植物对于动物而言就不是那么容易分解了。因为它们中含有纤维素这种坚硬的物质，人类是消化不了的。不单是人类，食草的哺乳动物也不能消化，尽管这些是它们食物的主要组成部分。

那么，这些动物如何生活下去呢？答案是：它们利用微生物帮助它们完成这项消化工作。这些微生物包括细菌和原生动物，它们拥有特殊的酶，可以将纤维素分解。

微生物在哺乳动物的消化系统

◇ 成虫之后就不再吃啦

反刍对于消化而言十分有效，但是会占用很长时间。进食草木也很费时间，因为每一口都要咬下来，彻底咀嚼。因此，食草动物没有太多的休息时间，它们总是忙于采集食物和消化食物。

对于植食昆虫而言，情况也大同小异，尽管变为成虫后它们的食性通常会发生变化。毛虫是繁忙的进食者，不过成虫的蝴蝶或者蛾的大多数时间都用于寻找配偶和产卵，它们会在花丛中穿梭，但很多根本不食用任何东西。飞蝼蛄做得更绝，它们的成虫压根就没有活动的嘴。

◼ 我的第一次探索

食肉动物：天生的猎手

当一只食肉动物向其猎物靠近时，不由得会让人产生一种紧张感。但是食肉动物是自然界的重要组成部分，连人类有时也是食肉动物。

与食草动物相比，食肉动物总有失算的时候，因为猎物可能会逃跑。作为补偿，自然界使得肉具有很高的营养价值。为了成功捕获猎物，食肉动物通常都有敏锐的感官和快速的反应能力。它们通过特殊的武器比如有毒刺、有力的爪子或者锋利的牙齿来制伏猎物。

当然，食肉动物也可以吃腐肉或吸血。哺乳纲食肉目的动物大都是食肉性的动物。

◇ **慢动作捕猎者**

当人类提到食肉动物时总会最先想到像猎豹那样的运动速度很快的动物。但是很多食肉动物并不是如此，比如海星，它的运动速度比蜗牛还慢，但是它们专门捕食那些不会逃跑的猎物如贝类，一般是把猎物的外壳撬开，然后享用里面的美餐。

在水中和陆上，很多食肉动物根本不追捕任何东西，相反，这些猎手只是埋伏着，等待猎物进入自己的抓捕范围。它们常常伪装得很好，有些甚至通过设置陷阱或者诱饵来增加捕获猎物的概率。"埋伏"的猎手有琵琶鱼、螳螂、蜘蛛和很多蛇类等。很多"埋伏"猎手都是冷血动物，即使几天甚至几个星期没有进食，它们也可以存活下来。

↗ 一条食鼠蛇正张开血盆大口吞下一只鸟。蛇类总能将猎物整个吞下，因此它们需要有强效的消化液来将食物分解掉。

自然大发现

在阿拉斯加,棕熊涉到河流中捕食洄游的大马哈鱼。它们的这场高蛋白盛宴可以一直持续几个星期。

◇ 长着犬齿的猛兽

鸟类和哺乳动物都是热血动物,因此它们需要很多能量来保持身体正常运作。对于一头棕熊而言,能量来自各种各样的食物,包括昆虫、鱼,有时也包括其他的熊。棕熊的体重可以达到1 000千克,它是陆地上最大的食肉动物。一般情况下,它对人类很谨慎,但是如果真正开始攻击,对人来说将是致命的。

哺乳动物中的食肉者有着特殊的牙齿来处理它们的食物。靠近它们嘴的前方位置有两颗突出的犬齿,这可以帮助它们把猎物紧紧咬住。一旦将猎物杀死后,它们的食肉齿就开始发挥功用了——这些牙齿长在颚的靠后位置,有着长长的、锋利的边缘,可以像剪刀一样将猎物剪碎。有些食肉哺乳动物,比如狼,还常用食肉齿来将猎物的骨头咬碎,从而吃到里面的骨髓。

◇ 别小瞧了鸟的爪子

鸟类没有牙齿,它们用爪子捕猎。一旦它们将猎物杀死后,就会将其带到栖枝上或者自己的巢中。有些大型鸟类可以抓起很大重量的猎物——1932年,一只白尾海雕抓走了一个4岁的小女孩。神奇的是,这个小女孩存活了下来。

爪子非常适合用来抓住猎物,但是鸟类通常使用其弯曲且坚硬的喙部来将猎物撕碎。捕食小型动物的鸟类有一套特殊的技术,它们可以将猎物的头先塞进自己喉咙,然后将其整个吞下去。

■ 我的第一次探索

◇ 大规模杀戮者

世界上最高效的捕猎者通常食用比其自身小很多的猎物。在南部海域,鲸通过过滤海水来食用一种被称为磷虾的像明虾一样的甲壳动物。它们的这种捕食方式是所有食肉动物中杀戮量最大的,每次都可以超过1吨以上。灰鲸在海床上挖食贝类,而驼背鲸则通过张起"泡沫网"等待鱼群的到来——这种网可以将鱼群逼入较小的空间,使其更容易捕捉。但是最厉害的捕鱼高手应该是人类,因为人类每年都要捕捞几百万吨,甚至上千万吨的鱼。

食腐动物:大自然的清道夫

世界上有几千种动物以寻找动物尸体和各种残余物为食。它们帮助了物质的再循环,使得营养物质得以被重新利用。

在动物世界里,食腐是很好的营生方式,因为其他动物能够源源不断地提供尸体,以及粪类、外皮、羽毛和皮毛等。对于我们,这些东西并不具有什么吸引力,但是对于食腐动物而言,这是有营养而可靠的食物来源。虽然没有食腐动物,尸体也最终会被微生物分解掉,但这就需要很长的时间了。

◇ 残骸碎片也是美味佳肴

要想观察世界上最成功的食腐动物,我们可以到泥泞的海岸边看看。这是食腐动物最原始的生活之地,因为这里满是动植物的残骸碎片——有些碎片来自海洋,有些则是被河流冲刷带来的。结果,在海岸边形成了一层丰富的沉积物,也为小型食腐动物提供了安家的理想场所。

很多这类食腐动物都会在沉积层中挖个洞,这样,当饥饿的鸟类到来时,便有个躲藏之处。这些挖洞者包括明虾和蜗牛,以及心型海胆。缨鳃蚕有自己一套与众不同的进食技巧,它们是在漂浮过程中顺道将残骸块收集起来的。在世界上的温暖地区,当潮水退去后,招潮蟹就出现在泥滩上,用钳子拾捡碎片。每次潮水来临

自然大发现

时，就会带来很多的碎片，因此对这些招潮蟹来说几乎是不会出现食物短缺的。

◇ 泥土中的食腐动物

在干燥的陆地上，到处都是食腐动物，它们生活在泥土里，因此常常不为人类所见。这类食腐动物中的大部分都是微生物，但世界上的有些地方，比如南非和澳大利亚，生活着长度超过4米的蚯蚓。蚯蚓是非常有用的动物，因为它们可以帮助翻垦泥土并使其肥沃。没有它们，泥土将更贫瘠，种植作物将更为困难。

蚯蚓将落叶拖到自己的洞中，而有些昆虫则是将其他东西埋藏在泥土中。埋葬虫为小型哺乳动物和鸟类挖掘"坟墓"，并将自己的卵下在其中，最后将"坟墓"盖上盖。甲虫

↗ 这条巨型蚯蚓来自澳大利亚，它比很多蛇都要大。幸运的是，这是一种无害的食腐动物，可以帮助提高泥土质量。

的幼虫孵化时，就以其中的尸体为食。蜣螂则是将卵产在动物的粪便颗粒中，然后将之滚到泥土中加以埋葬。

◇ 有翅膀的食腐动物

埋葬甲虫专吃小型尸体，而那些大型尸体则吸引着非常与众不同的食腐动物。在非洲，鬣狗很容易就被腐肉的气味所吸引，而在塔斯马尼亚，

↘ 在非洲草原上，这头畜体被一群冲撞抢夺的秃鹫包围着。虽然它们的爪子很弱，但是它们强劲的喙可以帮助它们在腐烂的外皮上撕出口子。

■ 我的第一次探索

动物的尸体则吸引着一种被称为"塔斯马尼亚魔鬼"的食腐有袋动物，它有着强劲的啃咬力，可以咬开已经变干的外皮、软骨甚至硬骨。但是在世界的很多地方，最为重要的食腐动物来自空中。

很多鸟类都以动物尸体为食，比如乌鸦和喜鹊常常聚集在被汽车撞死的动物上。鸥则以被冲上海岸的尸体为食，有时也食用人类丢弃的食物。但是在鸟类王国中，秃鹫是真正的食腐专家，它们飞翔在高空中，这使得它们可以观察到大面积内的食物情况。秃鹫也非常注意其他秃鹫的动态，如果有一只飞下去食腐的话，其他秃鹫很快就会跟随而至。

对于一只秃鹫来说，生存的法则就是在短时间内食用大量食物。有时它们吃得太饱了，以至于需要在陆地上等待几个小时才能继续飞翔。

危险，快跑

像大白鲨这样的超级食肉动物，一旦成年后就再也没有天敌了。但是对于其他动物而言，危险还是会随时来袭的，因此，很好的防御能力就成为生存的关键。

在动物王国中，食肉动物时刻都在寻找可以下手的猎物。与之相比，猎物们看上去似乎总是处于弱势。实际上，事情并不像看起来那样单方面——猎物已经进化出了各种防御能力。如果没有这些能力，它们根本不能存活下去。这些防御能力并不是百分之百安全的，但是对于每一种处在被捕杀和捕食危险之下的动物来说，常常可以借此战胜敌人并得以逃脱。

◇ 三十六计走为上计

当危险逼近时，很多动物的第一反应是设法快速逃脱。一些羚羊可以以每小时60千米以上的速度奔跑，而野兔的奔跑速度也可以达到每小时50千米以上，对于这种体重只有人类1/10的动物来说，是非常了不得的能力了。但是要逃离危险，启动速度常常和速度一样重要，螳螂的最大速度只有每小时5 000米，但是它们可以

自然大发现

↗ 啮齿动物常常通过隐入茂密的植物丛中来躲开敌人的视线。这只老鼠在空旷的地方被美洲野猫捕获，它的生存机会很小了。

以惊人的速度启动。在逃脱危险后，它们常常还改变前进方向，这样捕食者就更难抓到它们了。

动作不快的动物通常采用伪装术来将自己混入所处的背景中去，昆虫尤其擅长此道，这对于它们而言是大幸，因为食肉动物中还包括目光锐利的鸟类。一种动物利用伪装术的时候，通常需要保持一动不动，但是有些昆虫却会稍稍摆动，使得自己看上去就像是在寒风中摇曳的嫩枝，从而更好地躲避敌人的视线。

◇ 骗术专家和它们的骗术

要吓退进攻者，最好的办法之一是拥有危险的武器，比如，大部分食肉动物都不会去碰黄蜂，因为这种昆虫带着危险的刺。

但并不是所有的"黄蜂"都像它们看起来那么危险。有些无害的飞蝇和飞蛾也会模仿这类昆虫，而且模仿得很像，几乎没有食肉动物或者人类可以将之区分出来。飞蛾有着透明的翅膀，有些在飞行时甚至还能发出像黄蜂一样的嗡嗡声。

这种防御术被称为"模仿术"，在昆虫世界中被广为使用。蜘蛛也是模仿高手，有些蜘蛛可以将自己模仿成叮人的蚂蚁，它们以蚂蚁的动作在热带丛林的地面上行进。虽然蜘蛛有8只脚，而蚂蚁只有6只脚，但是鸟类还没学会数数，因此会受到蜘蛛模仿术的欺骗。

◇ 装死也是一条出路

食腐动物对自己的食物并不挑剔，但是食肉动物则只喜欢捕捉会动的东西。食肉动物对于那些静止不动的动物的兴趣比较小，而如果是已经死了的动物则更不愿理睬，这就给了猎物另一个逃生法宝——装死。如果被猎者有这项技巧，那么猎食者很有可能会离它们而去。

不是很多的动物能装死，但它们

■ 我的第一次探索 ●●●●●

↗ 当昆虫采用了伪装术后,很少有动物能够赢过它们。这张照片显示的是在秘鲁热带丛林树皮上伪装得很好的2只树螽。

在缩进去后将外壳完全关闭起来。一些犰狳会把自己胀成球状,而刺鲀则在大量地吞入水后,使自己成为一个带刺的球。

上述所有动物都是可以吃的,如果没有这样的防御武器的话,那就小命难保了。有些天生带毒的动物则不需要坚硬的外壳或者刺来保护自己——生活在热带丛林中的小小的箭毒蛙能够产生效力强劲的毒素。箭毒蛙中的一个种类虽然还不到4厘米长,但每只蛙带有的毒素就足以杀死1 000个人。

中间的确有一些优秀的演员:草蛇躺在地上,张着血盆大口,而一只维吉尼亚负鼠就倒在它的旁边——负鼠可以保持这种状态长达6个小时,不管怎么碰它,它都会保持一动不动。但是,一旦危险过去,这只"死掉"的负鼠就能马上"复活",然后飞快逃走。

◇ **吃不到的美食**

另一个躲避危险的方法是使得自己变得不容易被吃或者吃起来很危险。这一招被龟类和拥有坚硬外壳的动物所使用。龟在遇到危险时,会将四足和头缩进龟壳,而闭壳龟则可以

↗ 因为全身遍布尖刺,这条胀圆的刺鲀是没有多少动物愿意食用的。一旦其胀圆后,这种鱼基本就不能游动了。

自然大发现

想方设法，传宗接代

繁殖需要时间和能量，这是动物一生中最重要的工作。一些动物可以单独繁殖，但是对于大部分动物而言，繁殖就意味着要找到配偶。

与人类相比，很多动物繁殖的时候年纪还相对很小，旅鼠在2个星期大的时候就可以怀孕，而有些昆虫则成熟得更快，短短8天就可以为父为母。但是成功的繁殖并不是仅仅在于速度，要想繁育后代，还要通过竞争找到配偶。它们在这个生命的重要时刻还需要躲避食肉动物的追捕。

◇ **单亲家庭也能生儿育女**

当海葵完全长成熟后，它们可以通过将自己撕成两半来实现繁殖。这种极端手段是最为简单的繁殖方式，因为只要有单亲就能够实现。但是这只是对于构造简单的动物适用，对于大多数种类包括人类而言，分成两半根本不能起到繁殖作用。

这并不说明单亲繁殖很少见，很多昆虫都能够依靠自己繁殖，只是采用了不同的方法而已。雌性昆虫产出卵，在没有配偶的情况下，这些卵也可以发育成幼体，这被称为单性繁殖，或者"孤雌生殖"。在春季，雌性蚜虫就可以通过这种方法繁殖出一大家子，完全不需要雄性蚜虫的帮忙。

◇ **单性、双性，哪个更好**

在动物世界里，单亲家庭有一个很大的缺点，就是后代都是相同的。它们具有完全相同的基因，也就具有了完全相同的特征，无论好的还是坏的。一般情况下，这也并不是什么问题。但是如果食物不够或者灾难发生

↗ 大部分昆虫在雌性产卵前需要进行交配。此处，一只雄性蚱蜢在交配时正用其足将雌蚱蜢紧紧抓住。

我的第一次探索

的话，这些动物面临着相同的危机，甚至整个家族都会灭亡。

有性繁殖减少了上述危险的发生概率。有了双亲的参与，它们的基因就像是一副牌，可以以不同的组合方式传递到下一代身上。所有的下一代之间都存在着细微的差别，这就使得整个家族中至少会有基因组合比较优良的个体在竞争中存活下来。这种优势解释了有性繁殖广泛性的原因。

◇ 表达爱意也会有风险

为了进行有性繁殖，雌雄双方必须进行交配，这样雄性的精子才能使雌性的卵子受孕。这可能是项危险的工作，尤其是对于雄性蜘蛛来说——它们的体型通常比配偶要小10倍。这些雄性蜘蛛在向雌性蜘蛛示爱时非常小心，通过摆动其前足或者敲打雌性蜘蛛的网来传递信息。发出的信号得到雌蜘蛛的正确理解是非常重要的，否则雄蜘蛛很可能就成为雌蜘蛛的盘中餐。

并不是所有动物都会有这种危险，但是每对伴侣都需要抓住对方。通常，雄性会通过颜色、造型或者动作向雌性示爱。鸟类和蛙类则通常使用声音传递信息，很多昆虫也是如

↗ 雄蛙的喉咙已经胀成了气球状，这是它在向附近的雌蛙发出爱的呼唤。

此。但是萤火虫是通过自己的光来吸引对方的——每个种类的萤火虫都会有不同的闪烁时间长度，它们传递的信息很简单，就是"我在这儿，我与你属于同一个种类，我可以成为一个很好的伴侣"。

◇ "才艺展示"和"战斗"

在很多动物中，雌性可以在多个成熟雄性间作出选择，因此，雄性常常要互相竞争，就像展开一场才艺表演。雄鸟有时会通过鸣唱或者炫耀自己的羽毛来进行竞争，但是织巢鸟则是有另一套手段——每只雄鸟都会建起一个精致的鸟窝，只要有一只雌鸟飞过就向其炫耀。如果有雌鸟被雄鸟的巢所打动，就会飞入巢中与之交配，然后产卵。但如果现有的鸟巢不能吸引雌鸟的注意，雄鸟就会将之废

弃，在附近重新建一个新的鸟巢。对于雄性织巢鸟而言，这种竞争需要耗费很多精力，但这也避免了竞争对手之间的直接冲突。对于哺乳动物来说，繁殖季节中不可避免地会有严重的"战斗"——雄鹿用自己的鹿角与对手厮打，雄性海象则是用牙齿撕咬对手。获胜者可以得到很多雌性的交配权，而失败者只好默默地等到下一个年头。

生命的开端

蛇类产卵以后，通常都是将之抛弃掉的，这样，它们的后代就需要自己保护自己。不过很多动物都会照顾自己的后代，直至它们能够独立生活为止。

父母亲照顾是人类一生中的重要部分，因为我们需要很长的时间来成长。另一些哺乳动物也照顾它们的子女，保护它们，用奶喂养它们。但是其余的动物，不同的种类间的家族形式是不同的。鸟类通常是会喂养后代的，而科摩多龙却恰恰相反，它是吃同类的，任何小科摩多龙只要靠得太近，就会被它吃掉，毫不讲亲情。

◇ **生命，从一颗卵开始**

世界上的所有动物包括人类，都是以卵作为生命的开端的。在所有的哺乳动物中，除了鸭嘴兽和针鼹鼠外，卵通常是待在母体中的。在那里，卵发育成胚胎，然后由母亲将幼体产出。而对于鸟类，它们的生命开端是不同于上述的：鸟类产卵，雌鸟坐在卵上孵化出胚胎，幼鸟发育成后破壳而出，这被称为"孵蛋"，它可以使发育中的胚胎保持温暖。下蛋对

↗ 捅破蛋壳后，一条绿树眼镜蛇第一次看到了外面的世界。从破壳而出的这一刻起，它将完全依靠自己独立生活。

我的第一次探索

于鸟类来说是很有意义的，如果它们需要怀着幼鸟飞行的话，那将会是很辛苦的。但是动物界中的另一些类别的动物产出后代的方式就不是那么清楚单一了，比如，巨蟒是产卵而后将之孵化的，但也有很多蛇是将其卵留在体内，直到它们即将孵出，这些蛋才被产下来，小蛇就会破壳而出，看起来好像是直接由母亲生下来的。大部分鱼也是产卵的，但是一些鲨鱼，包括大白鲨，会直接将活的幼体产出。而有些种类的动物，它们后代生命的开始是让人毛骨悚然的，因为在它们出生前，最大的胚胎会将最小的胚胎吃掉。

◇ 父母的守护

翻车鱼产卵时每次能产下1亿个卵，卵会在水中漂流开来，其中只有一小部分能够存活几天以上。翻车鱼并没有试图保护它们的后代，而且照顾这么大个家庭几乎是不可能完成的任务。

像翻车鱼这类动物，它们把所有的精力都放到尽可能地产出最大量的卵上了。而相反的，后代数量较少的动物则会努力地照看它们的卵和后代。雄性海马会收集起雌海马产下的卵，把它们放到育儿袋中，而口育鱼则是将卵含在嘴中孵化以确保卵的安全。信天翁会在自己的卵上坐上10个星期。而章鱼则更具奉献精神，它们会照看自己的卵长达几个月之久，为它们提供清洁和保卫。在这段时间里，章鱼什么都不吃，当卵孵化出来后，它便死去了。

◇ 保护使命在出生后继续

对于一些动物，一旦卵孵化出来后，生活就变得忙碌起来了。幼蛇和幼蜥蜴会自己找到食物，但是刚孵化出来的鸟常常要靠它们的父母供应食物。成年的蓝冠山雀需要照顾12只雏鸟，这些雏鸟刚刚孵化出来的时候眼睛是瞎的，非常无助。它们需要几乎3周的时间才能为飞翔做准备。在此之前，父母需要每天往返1 000多次为它们寻找食物。

幼鸟是非常脆弱的，因此，父母亲常常警惕着可能来袭的危险。尤其对于涉禽，比如田凫和双领鸻来说，这点是非常重要的，因为它们在地上筑巢。如果有食肉动物向鸟巢靠近，雌鸟就会跳起一种特殊的舞蹈来散发气味，并走到空旷的地方，假装拖着一只受伤的翅膀走开。幸运的话，食肉动物就会跟上雌鸟，一旦雌鸟将之引诱到离开鸟巢足够远的地方时，就会张开翅膀飞走。

◇ 哺乳动物家庭

哺乳动物都是用奶来喂养后代的，这就使得母亲和后代之间的关系显得非常密切。大部分哺乳动物都可以通过气味来辨认出自己的后代，然后会很仔细地照看后代。在生命的这一阶段，成年雄性可能是一大威胁，所以许多的雌性独立带大它们的后代。幼年的哺乳动物常常喜欢跟着母亲，特别是幼年的有袋动物则受到了更好的保护，因为它们被装在母亲的育儿袋里。

在与父母相处的这段时间里，年幼的动物都会观察父母如何进食。这是成长过程中的重要部分，因为它会教育后代应该如何行事。猎捕性的哺乳动物后代会观察父母如何捕猎，而最聪明的哺乳动物比如海豚和黑猩猩，则会学习同类动物间用于交流的声音和动作。对于人类而言，这个阶段甚至更为重要，因为语言可以让我们交流技巧和思想。

生命的成长

有些动物的生命在刚开始时，与自己父母看上去差别不是很大。很多会在成长过程中只是变了颜色，而有些动物的变化则是相当惊人的，它们的体态与初生时完全不同。

大多数幼年的哺乳动物与它们的父母是非常相像的，虽然它们的身体还没有发育完全。但是对于一些动物来说，幼体与父母之间完全看不出任何相似之处。比如，毛虫与蝴蝶一点都不像，年幼的龙虾是透明的而且没有螯。像上述这类的年幼动物被称为幼虫或者幼体。它们与父母有着不同的生活方式，但是一旦"幼年"阶段结束后，它们可以形成父母的样子并且按照父母的方式生活。

◇ 一出生就独自觅食

昆虫通常都有幼体，要找到它们

的最佳地点是水环境中,尤其是海洋中。在那里,几千种动物幼体从卵中孵化出来后开始了自己的生命。有些是由鱼产下的;有些则是由各种无脊椎动物产下的,包括从龙虾和藤壶到蛤和海胆、海星等。大部分幼体看上去与它们的父母一点都不像,过去,科学家还错误地认为它们是完全不同的物种。

与幼年哺乳动物或者雏鸟不同,幼体是完全独立的,它们有非常重要的任务需要完成。对于毛虫而言,它们的重要任务是进食,这是它们昼夜不停需要做的事情。进食的过程中,毛虫收集了所有其变成蝴蝶所需的原材料。对于水生幼体,任务就不同了。这些幼体通常是由动作缓慢的动物或者一生都固定在同一个地方的动物产下的。它们通常随着浮游生物漂流到很远的地方,从而帮助实现种族的繁衍和延续。

蝌蚪是一种幼体,此外还有美西螈(yuán)——来自墨西哥的粉色两栖动物,常常被作为宠物饲养。这种非同一般的动物可以在幼体阶段就繁殖,但是大部分还是要成年后才能繁殖。

◇ 变化发生在不知不觉中

从幼体变为成年动物,这个过程被称为"变形"。在海洋中,大部分幼体的变形过程都是慢慢进行的,它们的身体也是一步一步发生变化的。一只龙虾幼体在每次蜕壳时稍稍发生变化。当第4次蜕壳时,龙虾的足部和触须已经发育完成,也长出了虽然小但是可以有效使用的龙虾螯。在这个阶段,幼年的龙虾体长还不到2厘米,但是它在浮游生物中的生活即将结束。蝌蚪也是渐渐变化的,它们的鳃会萎缩,腿部渐渐出现,尾巴也会慢慢消失。在变形过程中,它们的饮食也会相应发生变化。新孵出的蝌蚪一般是以植物为食的,但是它们的饮食中渐渐加入了动物性食物。到它们完全变成青蛙或者蟾蜍后,它们是百分之百的食肉动物,再也不会碰植物性食物了。

↗ 像大部分甲壳类动物一样,龙虾的生命刚开始时是幼体形式,生活在浮游生物中。图中是4周大的龙虾幼体,有着透明的体壳,这样它就不容易被捕食者发现。

自然大发现

◇ 慢慢地变化

很多昆虫也通过几个阶段进行变化。像幼年龙虾一样，幼年的蚱蜢每次蜕壳就会显得更像它们的父母。新孵出来的蚱蜢长着大大的脑袋、短短的身体和粗短的足，它们不能飞，因为还没有长出翅膀。但是它们慢慢成长，一次一次蜕壳，两边渐渐会长出翅膀的雏形。到了第6次也是最后一次蜕壳，便形成了成年蚱蜢。一旦翅膀变硬，便可以自由飞行了。这种变化被称为"不完全变态"，因为这种变化是有限的。很多其他昆虫，包括蜻蜓、甲虫和臭虫等也是按照上述方式变形的。但是对于蝴蝶和蛾，以及苍蝇、蜜蜂和黄蜂来说，变化是更为剧烈的，它们的变化不再是一步一步缓慢的，而是在幼体生活即将结束时突然发生的。

◇ 化茧成蝶

当毛虫对食物失去兴趣时，就是变化的先兆，此时的毛虫有了比吃更为重要的任务——建起一个具有保护作用的蛹。为实现这个目的，飞蛾的毛虫通常从它们食用的植物上爬下来，这样它们可以在地下结蛹。蝴蝶则经常将它们的蛹挂在叶子或者叶茎间。

蛹形成后，非同寻常的事情就开始发生了：毛虫的身体慢慢分解成一些活细胞。如果蛹在这时候被打开，则看不到任何生命的迹象。但是几天之内，主要的细胞重组工程一直在紧张地进行，直到一只蝴蝶或者飞蛾成形。当成虫完全形成后，就会破开外面保护性的蛹壳或者茧——一只全新的蝴蝶或者飞蛾诞生了。这种变化被称为"完全变态"。

↗ 凤蝶的生命是从一个卵开始的。卵被产在幼虫将用来作为食物的植物上。随着卵即将孵化，卵的颜色会慢慢变深。

↗ 这条毛虫昼夜不停地进食，每4~5天身体就增大1倍。在生命的这个阶段，它的主要敌人是食虫鸟类。

↗ 毛虫经过大约1个月的进食后，渐渐开始结蛹了。当里面的蝴蝶完全成形以后，蛹便裂开了。

· 105 ·

■ 我的第一次探索

谁被吃了

> 在自然界中，食物总是一直处于移动当中。当一只蝴蝶食用一朵花或者一条蛇吞下一只青蛙时，食物就在食物链中又向前推进了一步，同时，食物中含有的能量也向前传递了一步。

食物链是看不见摸不着的，但是它是生物世界中的重要组成部分。当一种生物食用了另一种生物时，食物就被传递了一步，而食用者最终也总是成为另一种生物的口中美食，这样一来，食物就又被传递了一步。如此往下便形成了食物链。大部分生物是多种食物链中的组成部分。把所有的食物链加起来，便形成了食物网，其中可能涉及几百种甚至几千种不同的物种。而一个复杂的食物网是保持生态稳定的重要条件。

◇ **这就是食物链**

现在，你将可以看到一条热带生物的食物链。像所有的陆上食物链一样，它从植物开始。

植物直接从阳光中获取能量，因此它们不需要食用其他生物，但是它们却为别的生物制造食物，当它们被食草动物吃掉后，这种食物便开始被传递了。

很多食草动物都以植物的根、叶或者种子为食。但是在本页食物链中，食草动物是一只停在花上吸食花蜜的蝴蝶。花蜜富含能量，因此是很好的营养物质。不幸的是，这只蝴蝶被一只绿色猫蛛捕食了。

绿色猫蛛也就是本条食物链中涉及的第3个物种。像所有其他蜘蛛一样，这种蜘蛛是绝对的食肉生物，非常善于捕捉昆虫。但是为了抓住蝴蝶，这只蜘蛛需要冒险在白天行动，这会吸引草蛙的注意。草蛙吞食蜘蛛，成为该食物链的第4个物种。

草蛙有很多天敌，其中之一是睫毛蝰（kuí）蛇——一种体型小但有剧毒的蛇类，通常隐藏在花丛中。当它将草蛙吞下时，它便成为本条食物链中涉及的第5个物种。但是蛇也很容易受到攻击，如果被一只目光锐利的角雕看到，它的生命也就结束了。

角雕正是本条食物链中涉及的第6个物种。角雕没有天敌，因此食物链便到此结束了。

◇ **食物链有多长**

6个物种，听起来可能并不算多，尤其是在一个满是生物的栖息地中。但是这事实上已经超过食物链的平均长度了。一般的食物链中都只有三四个环节。那么，为什么食物链那么快就结束了呢？这个问题与能量有关。

当动物进食后，它们把获得的能量用在两个方面。一方面用于身体的生长，另一方用于机体的运作。被固定在身体中的能量可以通过食物链传递，但是用于机体运作的能量在每次使用中就被消耗掉了。一些活跃的动物，比如鸟类和哺乳动物，被消耗掉的能量约占所有能量的90%，因此只有大约10%左右的能量被留下来成为潜在食物。

当食物链走到第4或者第5种生物时，所含的能量便因为逐级减少而所剩不多了。当走到第6个环节时，能量几乎已经消耗殆尽。

◇ **是谁站在了金字塔的顶端**

这种能量的快速递减显示了食物链的另一个特征——越是接近食物链开端的物种数量越丰富。如果按照层叠的方式把食物链表示出来，结果便形成金字塔形状。

比如淡水环境中一条食物链可以形成一个典型的金字塔——从下而上，数量较大的生物是蝌蚪和水甲虫；再往上，食肉鱼类数量相对减

图中显示了中美洲雨林中的一条食物链，以一朵花为开端。当这只蝴蝶食用花蜜时，它便成了食物链中第2种生物，但它是第1种进食性生物。

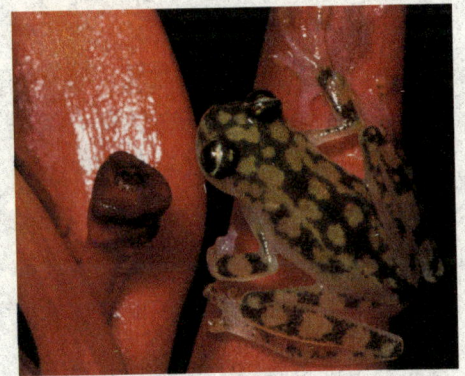
草蛙是该食物链中的第4种生物。它生活在树上，以各种动物为食。这些动物中，有些是食草动物，有些也像其一样属于食肉动物。

我的第一次探索

少，而食鱼鸟类的数量则是最少。在所有的生物栖息地包括草地到极地冻原，都适用上述这种金字塔结构。这就解释了为什么像苍鹭、狮子和角雕那样位于金字塔顶端的食肉动物需要如此之大的生活空间了。

◇ 比食物链更复杂的是食物网

食物网比食物链要复杂得多，因为它涉及大量不同种类的生物。除了捕食者和被捕食者，其中还包括那些通过分解尸体残骸生存的生物。在食物网中，一些生物只有很少几个与其他生物的关联，而有些则有很多，因为它们食用多种食物。

食物网划分得越细致就越能证明该栖息地拥有更加健康的环境，因为这显示了有很多的生物物种融洽地生活在一起。如果一个栖息地被污染或者因森林采伐而被破坏了，食物网就会断开甚至瓦解，因为其中的一些物种消失了。

很像，但不是亲戚

在生物世界里，具有相似的生活方式的物种通常会进化出相似的适应性。这就会在不同物种的外观之间产生很多惊人的相似性——有时甚至连科学家也会一不小心就混淆起来。

仔细看看右图两种植物：两者都有着桶状的外形，而且外表都有尖刺保护着。除非你是沙漠植物专家，否则你就会认为这两种植物之间是近亲关系。事实上，它们相差甚远：一种是来自墨西哥的仙人球，另一种是来自非洲南部的晃玉。它们看上去很相像，那是因为它们采用了相似的生活方式。

◇ 自然的效仿者

就像一个想法不断的发明家一样，进化最擅长创造适应性，它甚至可以给两种非常不同的物种带来同一种适应性——这种情况通常发生在当两个不同的物种具有相似的生活方式的时候，此时自然选择在它们身上产生了同样的效果。这个结果被称为趋同进化——一种使得两个物种显得越

自然大发现

↗ 晃玉（上图）和金琥仙人球（下图）惊人地相似。前者来自非洲南部地区——根本没有野生仙人球生活的地方，它的体形粗短，但是它的一些生活在湿润地区的近亲却可以长成灌木，甚至高大的树木。

来越相像的进化过程。

仙人球和晃玉就是两个物种趋同进化的很好例子——虽然它们的生活地区相距几千千米之遥。但它们却有着惊人的相似之处。圆桶形的外形可以帮助它们储存水分，而脊上的刺可以让饥饿的动物退却。它们还有其他相似性，比如两者都有长长的根，而且都不长叶子。这些适性应帮助它们得以在极其干旱的栖息地中生存——这些栖息地的干旱期通常一次就长达好几个月。

◇ 被隐藏起来的过去

世界上有很多趋同性物种，有些趋同物种看上去只有一点点相似，而有些则是非常相似，以至人类经常会将之混淆。比如，鲸和海豚看上去很像鱼，一方面因为它们都有着流线型的身躯，另一方面它们身上长着鳍状肢而不是腿。

几个世纪前，很多人认为它们是一样的，但事实上，它们的趋同物种是不同的，因为它们是从不同的祖先进化而来的：鱼是冷血动物，它们通过鳃呼吸来获取氧气，但是鲸和海豚的祖先都是陆生热血动物，后来才进入海洋中生活。经过几百万年后，鲸和海豚都适应了它们新的生活环境，慢慢地进化出像鱼一样的外形。然而，进化并不能掩盖它们的过去。这就是为什么鲸和海豚仍然是用奶来哺育它们的后代，而且仍然需要到水面上来呼吸空气的原因。

◇ 搞清楚是不是亲戚不容易

当科学家们试图为生物划分种类时，趋同进化会带来一些问题。要分辨出海豚是一种哺乳动物并不是一件难事，但是要弄清有些动物的真正归属则需要更具说服力的证据。比如，成年藤壶是附着在岩石上生活的，而且它们长有锐利的壳，从而保护它们不受海浪的侵袭。藤壶看上去很像软

■ 我的第一次探索 ●●●●●

↗ 帽贝（左图）和藤壶（右图）都生活在没有遮蔽的环境当中，常常要受到海浪的拍打。帽贝有贝壳保护，而藤壶只有一个由多个小片组成的外壳，同样起到保护作用。

体动物，而且早期的科学家们也认为其就是软体动物，但是，它们的幼体在广阔的海洋中生活，而且长有很多腿。仔细观察就会发现，藤壶事实上是一种甲壳类动物，换句话说，它们应该是龙虾和螃蟹的亲戚。

当有亲属关系的物种朝同一方向进化时，就更容易让人混淆了，因为它们本身就具有很多相似性。为了准确认定它们的祖先，科学家们不能单靠观察其外表，而是需要通过检测它们的DNA来画出它们的进化轨迹。

灭绝了，就再也回不来了

> 人类都为花而着迷，我们给花作画，给花照相，还常常把它们放在家里。但花的生长本来并不是供人类欣赏的，它们承担着重要的使命——实现植物的繁衍。

灭绝是进化过程的一个部分，已经灭绝的物种数量与现存的生物数量比大约是100∶1。在地球上生命的发展历程中，几百万个物种经历了进化过程，也有几百万个物种已经灭绝。灭绝通常是一个缓慢的过程，因此有足够的时间来进化出新的物种。但是，偶然的灾难或者当气候急剧变化时，会导致大量生物同时死亡。今天，灭绝是一个很热门的话题，因为人类活动正在使地球上的生物以越来越快的速度灭绝。

◇ 最后的出局者

在19世纪早期，袋狼是很普通的动物，这种像狼一样的有袋动物生活在澳大利亚的塔斯马尼亚岛，以小袋鼠、鸟类和其他野生动物为食。但是，当岛上开始大规模地发展畜牧业后，袋狼开始捕食绵羊。农民为了保护自己的牲畜而开始猎杀袋狼。在19世纪80年代，袋狼已经很稀有了：袋狼的数量降至1只——生活在霍巴特动物园。3年后，当这只唯一的幸存者死亡后，塔斯马尼亚袋狼也就灭绝了。

在北美，候鸽则遭遇了更富戏剧性的命运。1810年，候鸽还是世界上数量最多的一种鸟，大约有20亿只还多。这个大型鸟群穿越大陆两端迁徙寻找食物，候鸽扎根下来或者安下巢来，它们的重量可以压断一根树枝。但是它们很容易成为目标，大面积的捕猎也随之而来——最后一只候鸽死于1914年。

◇ 逐渐萎缩

在自然界中，物种迅速灭绝的现象很少，大多数物种的数量都是慢慢减少的，这样会给具有更强适应性的动物留出取代它们的时间。

比如大象家族，在过去的5 000万年中，进化出很多新的、之后又灭绝了的种类，其中包括猛犸象和乳齿象，以及一种只有1米左右高的矮小的大象。最新近灭绝的象种是长毛猛犸象——大约在6 000多年前。它是从上个冰河世纪期间进化出来的，但是没能适应温暖时期的回归。

有些物种生活在面积较小的区域内，一旦人类改变了它们的生活环境，它们的生命就陷入了危机。这种命运曾经降临在了渡渡鸟身上：渡渡鸟是一种体型巨大的不会飞行的鸽类，生活在毛里求斯岛上，它们一方面被人类大量猎捕，另一方面其后代又被当地引进的动物——比如猫等——捕食。1681年，渡渡鸟便灭绝了。生活在内陆地区的"孤岛"物种也面临上述威胁。比如在哥斯达黎加，一种金蟾蜍曾经繁盛地生活在山上的一小块森林中，但是到了20世纪90年代，这个物种消失了。

◇ 发生在多年前的灾难

金蟾蜍灭绝的两种可能的原因是疾病和水污染。但是在地球历史上，更大的灾难曾经扫荡了生物世界的很大一块领域，其中最有名的大规模灭绝发生在6 600万年前——一个直径

我的第一次探索

在1万米左右的陨石砸向了地球，恐龙和翼龙全部灭绝，从而也为哺乳动物和鸟类带来了新的生存机会。

更大规模的灭绝发生在大约2亿4 500万年前。地球上几乎3/4的物种灭绝了。这场灭绝可能是由几个因素引起的，包括：火山爆发、气候突变和海平面突降。地球上的生命最后恢复了过来，但已经历了几百万年的时间。

◇ 可怕的大灭绝

英国生态学和水文学研究中心的杰里米·托马斯领导的一支科研团队曾在《科学》杂志发表的英国野生动物调查报告称，在过去40年中，英国本土的鸟类种类减少了54%，本土的野生植物种类减少了28%，而本土蝴蝶的种类更是惊人地减少了71%。一直被认为种类和数量众多，有很强恢复能力的昆虫也开始面临灭绝。

科学家们据此推断，地球正面临第六次生物大灭绝。据数据统计，全世界每天有75个物种灭绝，每小时有3个物种灭绝。

大灭绝不单是一个物种灭绝，而是很多物种在相对比较短的地质历史时期，即几十万年，或者是几百万年里灭绝了。昆虫物种量占全球物种

↗ 在灭绝前，候鸽主要以橡子为食，群体栖息。每一群的栖息面积可以达到30平方千米之广。

量的50%以上，因此它们的大规模灭绝对地球生物多样性来说是个噩耗。自工业革命以来，地球上已有冰岛大海雀、北美旅鸽、南非斑驴、印尼巴厘虎、澳洲袋狼、直隶猕猴、高鼻羚羊、普氏野马等物种不复存在。

由于全球气候变暖，在未来50年中，地球陆地上四分之一的动物和植物将遭到灭顶之灾。预计，在2050年地球上将有100万个物种灭绝。根据科学家们的研究，由于气候变暖已经是既成事实，因此在将要灭绝的物种中，有十分之一的物种的灭绝将是不可逆转的。但是从现在起各国控制全球有害气体排放量的努力将能够拯救更多的物种免遭同样的命运。

自然大发现

天生的和非天生的

蜘蛛不会设计和计划，但它们仍然能够织出结构复杂的蜘蛛网。与我们人类不同，它们的这些行为是由本能控制的，而本能是由后代从父母身上继承而来的。

本能是保持动物世界正常运转的隐性指导。像蜘蛛或者昆虫等结构简单的动物，本能控制它们的所有行为方式。虽然这些动物的脑很小，但是本能却能使它们完成非常复杂工作。脑较大的动物也有本能，但是它们的行为更为多变，这是因为它们可以从经验中学习。

◇ **天生一身好本领**

动物的本能使得其在日常生活中按照固定的一套方式行事：雏鸟会在父母回巢时本能地讨要食物，而幼年哺乳动物则会本能地吸食奶水。在以后的生活中，本能控制着动物的所有行为——从求爱到迁徙，从织网到筑巢。因为本能行为不用学习，所以动物做出本能行为不需要此前有过类似经历，也不需要理解其中的各个步骤。

有时候，本能行为能够给人留下深刻印象，让人觉得动物其实是知道自己在做什么的——河狸可以建造出非常精致的水坝和水渠，而白蚁则可以建造出庞大而复杂的蚁穴。但是与人类建筑师不同的是，这些动物不能

火腹蟾蜍本能地拱起了自己的背。这是很明显的标志，在告诉蛇，它们的皮肤是有剧毒的。

我的第一次探索

想出新的设计，它们只是按照基因给出的指导行事。

◇ **本能也有"出错"的时候**

本能行为总是由一些事由激发，比如蟾蜍本能地会去捕捉在动的猎物，可如果是同样的猎物但是静止不动的话，它就会熟视无睹了。鱼在遇到危险时聚集到一起，当危险过去后又会各自散开。本能行为也可以由环境激发，比如季节的变换或者潮汐的涨落——招潮蟹有一个内置的"钟"，受潮水的调节，当潮水退的时候，它们就出来捕食——即使它们被转移到远离海岸的地方。像这样的本能是很重要的，因为可以帮助生物生存。但是有时，本能也会出错——

↗ 秋天，松鼠将多余的橡子埋藏起来。它们并不懂四季，但是这种本能行为可以保证它们在即将到来的冬季有足够的食物。

飞蛾利用月亮来辨别方向，但是在夜色中，它们也会绕着灯光飞旋。这是本能行为的一大缺陷——不能随新事物作出调整。

◇ **学习，为了更好地生存**

人类也有本能，但是我们大部分行为是按照经验行事的，我们不仅从自己的经验中学习，还从其他人身上的经验中学习，此外还擅长于随时获得新的技巧。除了人以外的动物通常都是按照本能行事的，但是学习可以让它们生存得更好。

筑巢是上述两种行为的很好结合。当一只鸟筑它的第一个巢时，它是按照本能来设计和建造的，它们筑的巢也许不完美，但都有合适的形状和大小。但是如果这只鸟的生命够长的话，它可以慢慢成为一个更好的建筑师：它会学习哪里可以找到最好的筑巢材料、发现哪里最适合筑巢。这些经验甚至可以帮助它更好地吸引配偶。

◇ **还有更聪明的**

很难将动物的智慧与人类智慧相比较。很多动物可以使用简单的工具，但是很少动物自己能够制造工具。有些鸟类可以数到5或者6，但是数字在它们的日常生活中似乎没什么用处。章鱼甚至是更有"智慧"的，在实验中，它们找到了如何除去瓶子上的塞子，从而吃到里面食物的方法。事实上，我们的近亲仍然是最有智慧的——猩猩已经学会了怎样操作机器，非洲黑猩猩则可以使用超过30个单词的语言进行交流。

动物建筑师

早在人类学会使用砖和水泥之前，动物就已经开始自己建造家园了，它们的窝有的只有蛋杯那么大小，有的则可以超过1吨重。

动物已经很适应户外生活了，因此大部分都不需要窝。如果建窝，则通常是用来保护自己的后代的。巢居可以帮助后代保持干燥和温暖，也可以让猎食动物不能轻易找到。有时候动物也会建造一些其他建筑式样，包括用来猎获食物的陷阱和鸟类用来吸引异性的奇特的"别墅"。

◇ 水坝建筑师

动物所能建造的最大结构是珊瑚礁，它们可以长达几百千米，不过并不是按照规则的组织结构来建造的。但是，河狸建造的水坝却是有目的而建的，属于动物建筑中规模最大的工程性建筑。据资料记载，最长的河狸水坝长达700米，其牢固程度完全经得起观光客的考验，甚至一人骑马走在其上也是没有问题的。

河狸建水坝是为了创造一个可以安全生活的地方。水坝挡起的水慢慢可以形成一个淡水湖，在湖水最深处，河狸会建起一个土墩，是河狸的住所，里面是它们的生活区域所在。住所墙的厚度可以超过1米，因此，即使在冬季，住所的中心也是温暖的。进到住所的唯一途径是通过水下通道，这种安全防卫工事可以让很多猎食动物无可奈何。

为了建造水坝，河狸会咬断小树，然后将之漂到适合的地方。在木头框架结构打好后，它们会填上植物和泥，使其可以起到防水功效。

一旦水坝建成，这些天生的工程

■ 我的第一次探索

师就会密切关注水坝是否出现漏水现象，一旦发现就会及时地进行修补。一个造得比较好的水坝可以用几十年，因此同一个住所可以被几代河狸使用。

◇ 真正的高手在树上

鸟类以建筑高手著称，与河狸不同的是，很多鸟类每年都会重新建造自己的巢。蜂鸟用青苔为材料，用蜘蛛丝把青苔固定在一起，这样，建成的温暖且牢固的鸟巢正适合用来作为世界上最小鸟类的育儿所。

较大一些的鸟类通常用树枝和木棍建巢，但是有些特别擅长用泥作为建筑材料——燕子就能够用泥建出杯型的巢；来自南美洲的红褐色灶巢鸟则可以用泥建造出像大气球一样的鸟巢，这种鸟巢的侧面有个开口，可以进入曲折的通道内。这样的设计可以使猎食动物不能轻易够到蛋或者雏鸟。纺织鸟和拟椋（liáng）鸟有自己的一套避开不速之客的方法——它们的鸟巢用叶子编成，有着管状的入口。这些鸟巢像树干一样向下悬着，长度几乎可以达到1米。

◇ 代代相传的鸟巢

建造这类鸟巢需要很长时间，即便如此，很多也只是被用过一次就废弃了。原因是，长时间的使用会让鸟巢慢慢变脏，会长出像扁虱和跳蚤之类的寄生虫。

但是猎捕型鸟类似乎不在乎这些卫生问题，它们通常是同一个鸟巢用了一年又一年。有时，一个鸟巢还会被传给下一代使用，每一代使用的那对配偶会对鸟巢进行扩容。

最大的树筑鸟巢是白头雕的杰作，它会使用像人类胳膊那样粗的树枝作为建筑材料，这种鸟巢的深度可达6米，重量可达一般家用小汽车的2倍。尽管住宅很宽敞，但是白头雕每次产卵都只有两个。

↗ 一只雌蜂鸟用蜘蛛丝将鸟巢固定在了树杈上。像很多雌鸟一样，它负责建造鸟巢，雄鸟不给予任何帮助。